개념연결 연산의 발견

"엄마, 고마워!"라는 말을 듣게 될 줄이야!

모든 아이들은 공부를 잘하고 싶어 한다. 부모가 아이의 잘하고 싶은 마음에 대해 믿음을 가지고 도와주는 것이 중요하다. 무작정 이것저것 많이 시켜 부담을 주는 것이 아니라 부모가 내 공부를 도와주고 있다는 마음이 전해지면 아이는 신이 나서 공부를 한다. 수학 공부에 있어서는 꼼꼼하게 비교해 좋은 문제집을 추천해주는 것이 바로 그 마음이 될 것이다. 『개념연결 연산의 발견』을 가까운 초등 부모들에게 미리 주어 아이들이 풀어보도록 했다. 많은 부모들이 아이가 문제 푸는 재미에 푹 빠졌다고 했으며, 문제뿐만 아니라 친절한 개념 설명과 고학년까지 연결되는 개념의 연결에 열광했다. 아이들이 겪게 되는 수학 공부의 어려움을 꿰뚫고 있는 국내 최고의 수학교육 전문가와 현직 교사들의 합작품답다. 아이의 수학 때문에 고민하는 부모들에게 자신 있게 추천한다. 이 책은 마지못해 억지로 하는 공부가 아니라 자발적으로 자신의 문제를 해결해가는 성취감을 맛보게 해줄 것이다. "엄마 덕분에 수학에 자신감이 생겼어요!" 이렇게 말하는 아이의 모습이 그려진다.

박재원(사람과교육연구소 부모연구소장)

머리말

연산을 새롭게 발견하다!

잘못된 연산 학습이 아이를 망친다

아이의 수학 공부 때문에 골치 아파하는 초등 부모님을 많이 만났습니다. "이러다 '수포자'가 되면 어떡하나요?" 하고 물어 오는 부모님을 만날 때마다 수학의 본질이 무엇인지, 장차 우리 아이들이 초등 시절을 지나 중·고등학생이 되었을 때 수학 공부가 재미있고 고통이지 않으려면 어떻게 해야 하는지, 근본적인 고민을 반복했습니다. 30여 년 중·고등학교에서 수학을 가르치며 아이들에게 초등수학 개념이 많이 부족함을 느꼈고, 초등학교 때의 결손이 중·고등학교를 거치며 눈덩이처럼 커지는 것을 목도했습니다. 아이러니하게도 중·고등학교 현장을 떠난 후에야 초등수학을 제대로 공부할 기회가 생겼고, 학생들의 수학 공부법을 비로소 정립할 수 있어 정말 행복했습니다. 그러나 기쁨도 잠시, 초등 부모님들의 고민은 수학의 본질이 아니라 눈앞의 점수라는 사실을 알게 되었습니다. 결국 연산이었지요. 연산이 수학의 기초임은 두말할 나위 없는 사실인데, 오히려 수학 공부에 장해가 될 줄은 꿈에도 생각지 못했습니다. 초등수학 교과서를 독파하고도 깨닫지 못한 현실을 시중에 유행하는 연산 학습법이 알려주었습니다. 교과서는 연산의 정확성과 다양성을 추구합니다. 그리고 이것이 연산 학습의 본질입니다. 그런데 시중의 연산 학습지 대부분은 정확성과 다양성보다 빠른 계산 속도와 무지막지한 암기를 유도합니다. 그리고 상당수 부모님이 이것을 받아들여 아이들을 속도와 암기에 몰아넣습니다.

좌절감과 열등감을 낳는 연산 학습

속도와 암기는 점수를 높여줄 수 있다는 장점을 갖지만, 그보다 많은 부작용을 안고 있습니다. 빠른 계산 속도에 대한 집착은 아이에게 좌절감과 열등감을 줍니다. 본인의 계산 속도라는 것이 있는데 이를 무시하고 가장 빠른 아이의 속도에 맞추기만 하면 무한의 속도 경쟁에서 실패자가 되기 쉽습니다. 자기 속도에 맞지 않으면 자기주도가 될 수 없으니 타율 학습이 됩니다. 한쪽으로 자기주도학습을 강조하면서 연산 학습에서는 타율 학습을 강요하면 아이들의 '자기주도'는 점점 멀어질 수밖에 없습니다. 또 무조건적인 암기는 이해를 동반하지 않으므로 아이들이 수학을 암기 과목으로 여기게 만들고, 이 때문에 많은 아이가 중·고등학교에 올라가 수학을 싫어하게 됩니다. 아이들은 연산 공부와 여타의 수학 공부를 달리 보지 못합니다. 연산을 공부할 때처럼 모든 수학 공부를 무조건적인 암기와 빠른 시간 안에 답을 맞혀야 한다고 생각합니다. 이러한 생각은 중·고등학교를 넘어 평생 갑니다. 그래서 성인이 된 뒤에도 자신의 자녀들에게 이런 식의 연산 학습을 시키는 데 주저하지 않게 됩니다.

수학이 좋아지는 연산 학습을 개발하다

이 두 가지 부작용을 해결하기 위해 많은 부모님을 설득했지만 대안이 없었습니다. 부모님 스스로 해결하는 경우가 드물었습니다. 갈수록 피해가 커지는 현상을 막아야겠다고 결심했습니다. 그래서 현직 초등 교사들과 의논하고 이들을 설득해 초등 연산 학습을 정리하고 그 결과를 책으로 내게 되었습니다. 교사들이 나서서 연산 학습을 주도한다는 비난을 극복하고 연산을 새롭게 발견하는 기회를 제공해야 한다는 일념으로 이 책을 만들었습니다. 우리 아이가 처음으로 접하는 수학인 연산은 즐거워야 합니다. 아이를 사랑하는 마음으로 제대로 된 연산 문제집을 만들어보자고 했을 때 흔쾌히 따라준 개념연산팀 선생님들에게 감사드립니다. 지난 4년여 동안 휴일과 방학을 반납하고 학생들의 연산 학습 실태 조사, 회의와 세미나, 집필 등에 온 힘을 쏟아주셨습니다. 그리고 먼저 문제를 풀어보고 다양한 의견을 주신 박재원 소장님과 부모님들께 감사의 말씀을 전합니다.

전국수학교사모임 개념연산팀을 대표하여

최수일 씀

특징

개념연결 연산의 발견은 이런 책입니다!

❶ 개념의 연결을 통해 연산을 정복한다

기존 문제집들이 문제 풀이 중심인 반면, 『개념연결 연산의 발견』은 관련 개념의 연결과 핵심적인 개념 설명으로 시작합니다. 해당 문제가 이해되지 않으면 전 단계의 문제를 다시 풀고, 확장된 내용이 궁금하면 다음 단계 개념에 해당하는 문제를 바로 풀어볼 수 있는 장치입니다. 스스로 부족한 부분이 어디인지 쉽게 발견하여 자기주도적으로 복습 혹은 예습을 할 수 있습니다. 개념연결을 통해 고학년이 되어서도 결코 무너지지 않는 수학의 기초 체력을 키울 수 있습니다. 연산을 구조화시켜 생각하게 만드는 개념연결은 1~6학년 연산 개념연결 지도를 통해 한눈에 확인할 수 있습니다. 연산을 공부할 때부터 개념의 연결을 경험하면 수학 전체를 공부할 때도 개념을 연결하는 습관을 가질 수 있습니다.

❷ 현직 교사들이 집필한 최초의 연산 문제집

시중의 문제집들과 달리, 30여 년간 수학교사로 근무하고 수학교육의 혁신을 위해 시민단체에서 활동하고 있는 최수일 박사를 팀장으로, 수학교육 석·박사급 현직 교사들이 중심이 되어 집필한 최초의 연산 문제집입니다. 교육 경험이 도합 80년 이상 되는 현직 교사들의 현장감과 전문성을 살려 문제를 풀며 저절로 개념을 연결시키는 연산 프로그램을 만들었습니다. '빨리 그리고 많이'가 아닌 '제대로 그리고 최소한'으로 최대의 효과를 얻고자 했습니다. 내용의 업그레이드뿐 아니라 형식에서도 현직 교사들의 경험을 반영해 세세한 부분까지 기존 문제집의 부족한 부분을 개선했습니다. 눈의 피로와 지우개질까지 생각해 연한 미색의 질긴 종이를 사용한 것이 좋은 예가 될 것입니다.

❸ 설명하지 못하면 모르는 것이다 -선생님놀이

아이들은 연산에서 실수가 잦습니다. 반복된 연산 훈련으로 개념을 이해하지 못하고 유형별, 기계적으로 문제를 마주하기 때문입니다. 연산 실수는 훈련으로 극복되기도 하지만 이는 근본적인 해법이 아닙니다. 답이 맞으면 대개 이해했다고 생각하며 넘어가는데, 조금 지나면 도로 아미타불인 경우가 많습니다. 답이 맞았다고 해도 풀이 과정을 말로 설명하지 못하면 개념을 이해하지 못한 것입니다. 그래서 아이가 부모님이나 친구 등에게 설명을 하는 문제를 실었습니다. 아이의 설명을 잘 들어보고 답지의 해설과 대조해보면 아이가 문제를 얼마만큼 이해했는지 알 수 있습니다.

❹ 문제를 직접 써보는 것이 중요하다 -필산 문제

개념을 완벽하게 이해하기 위해 손으로 직접 써보는 문제를 배치했습니다. 필산은 계산의 경로가 기록되기 때문에 실수를 줄여주며 논리적 사고력을 키워줍니다. 빈칸 채우는 문제를 아무리 많이 풀어도 직접 식을 써보지 않으면 연산 학습에서 큰 효과를 기대하기 어렵습니다. 요즘 아이들은 숫자를 바르게 써서 하나의 식을 완성하는 데 어려움을 겪는 경우가 많습니다. 연산 학습은 하나의 식을 제대로 써보는 것이 그 시작입니다. 말로 설명하고 손으로 기록하면 개념을 완벽하게 이해할 수 있습니다.

❺ '빠르게'가 아니라 '정확하게'!

초등에서의 연산력은 중학교 이상의 수학을 공부하는 데 기초가 됩니다. 중·고등학교 수학은 복잡한 연산을 요구하지 않습니다. 주어진 문제를 이해하여 식을 쓰고 차근차근 해결해나가는 문제해결능력이 더 중요합니다. 초등학교 때부터 문제를 빨리 푸는 것보다 한 문제라도 정확하게 정리하고 풀이 과정이 잘 드러나도록 식을 써서 해결하는 습관이 중·고등학교에 가서 수학을 잘하는 비결입니다. 우리 책에서는 충분히 생각하면서 문제를 풀도록 시간에 제한을 두지 않았습니다. 속도는 목표가 될 수 없습니다. 이해가 되면 속도는 자연히 따라붙습니다.

❻ 학생의 인지 발달에 맞는 문제 분량

연산은 아이가 처음 접하는 수학입니다. 수학은 반복적으로 훈련하는 것이 아니라 생각의 힘을 키우는 학문입니다. 과도하게 많은 문제를 풀면 수학에 대한 잘못된 선입관을 갖게 되어 수학 과목 자체가 싫어질 수 있습니다. 우리 책에서는 아이들의 발달 단계에 따라 개념이 완전히 내 것이 될 수 있도록 학년별로 적절한 수의 문제를 배치해 '최소한'으로 '최대한'의 효과를 낼 수 있도록 했습니다.

❼ 문제 중간 튀어나오는 돌발 문제

한 단원 내에서 똑같은 유형의 문제가 반복적으로 나오면 생각하지 않고 기계적으로 문제를 풀게 됩니다. 연산을 어느 정도 익히면 자동화되는 경향이 있기 때문입니다. 이런 경우 실수가 생기고, 답이 맞을 수는 있지만 완전히 아는 것이 아닐 수 있습니다. 우리 책에는 중간중간 출몰하는 엉뚱한 돌발 문제로 생각의 끈을 놓을 수 없는 장치를 마련해두었습니다. 어떤 문제를 맞닥뜨려도 해결해나가는 힘을 기를 수 있습니다.

❽ 일상의 수학을 강조하다 -문장제

뇌과학적으로 우리의 기억은 일상에 활용할만한 가치가 있는 것을 저장하고, 자기연관성이 있으면 감정을 이입하여 그 기억을 오래 저장한다고 합니다. 우리 책은 일상에서 벌어지는 다양한 상황을 문제로 제시합니다. 창의력과 문제해결능력을 향상시켜 계산이 전부가 아니라 수학적으로 생각하는 힘을 키워줍니다.

차례

교과서에서는?

1단원 분수의 덧셈과 뺄셈

분수의 덧셈과 뺄셈을 할 때 분모까지 더하거나 빼는 오류를 범하지 않도록 주의하고, 3학년 때 배운 분수의 의미를 생각하며 계산해요. 대분수의 덧셈과 뺄셈을 계산하는 방법은 자연수 부분끼리, 분수 부분끼리 더하거나 빼는 방법과 가분수로 바꾸어 계산하는 방법, 두 가지가 있어요. 분수의 덧셈과 뺄셈은 새로운 개념이 아니라 자연수에서 학습한 덧셈과 뺄셈 개념이 확장된 것이랍니다.

분수와 소수의 덧셈과 뺄셈까지 배우고, 분수와 소수의 곱셈과 나눗셈은 5학년 이후에 배웁니다. 분수의 덧셈과 뺄셈은 분모가 같은 것만 다루는데, 이는 5학년에서 배우는 내용인 분모가 다른 분수의 덧셈과 뺄셈의 기초가 됩니다. 소수의 덧셈과 뺄셈에서는 3학년에 배운 소수를 연결하여 소수 두 자리와 소수 세 자리까지 익히고, 소수의 크기 비교, 소수 사이의 관계를 익힙니다. 소수의 크기 비교는 실생활에서 유용하게 사용되므로 비교하는 원리와 방법을 잘 익히도록 합니다. 분수와 소수의 덧셈과 뺄셈은 새로운 개념이 아니라 자연수에서 공부한 덧셈과 뺄셈 개념을 연결하여 확장한 것입니다.

교과서에서는?

3단원 소수의 덧셈과 뺄셈

소수 두 자리 수, 세 자리 수를 배워요. 그리고 소수 한 자리 수, 소수 두 자리 수와 소수 세 자리 수, 소수의 크기 비교, 소수의 덧셈과 뺄셈을 배우지요. 소수의 덧셈과 뺄셈을 계산할 때는 소수점의 의미와 1학년 때 배운 자릿값을 생각하면서 소수의 자릿값에 맞추어 계산해요. 소수의 덧셈과 뺄셈 역시 새로운 개념이 아니라 자연수에서 학습한 덧셈과 뺄셈 개념이 확장된 것이에요.

개념 연결 연산의 발견 사용 설명서

각 단계의 제목

새 교육과정의
교과서 진도와 맞추었어요.
학교에서 배운 것을 바로 복습하며
문제를 풀어봐요. 하루에 두 쪽씩
진도에 맞춰 문제를 풀다 보면
나도 연산왕!

개념연결

구체적인 문제와 문제의 연결로 이루어져 있어요.
실수가 잦거나 헷갈리는 문제가 있다면
전 단계의 개념을 완전히 이해 못한 것이에요.
자기주도적으로 복습 혹은 예습을 할 수 있게 도와줍니다.

배운 것을 기억해 볼까요?

이전에 학습한 내용을 알고 있는지
확인해보는 선수 학습이에요.
개념연결과 짝을 이뤄 학습 결손이
생기지 않도록 만든 장치랍니다.
배웠다고 넘어가지 말고 어떻게 현 단계와
연결되는지 생각하면서 문제를 풀어보세요.

십의 자리에서 받아내림이 있는
6단계 (세 자리 수)-(세 자리 수)

개념연결

2-1덧셈과 뺄셈 (몇십몇)-(몇십몇) → 3-1덧셈과 뺄셈 받아내림이 없는 뺄셈 → 받아내림이 한 번 있는 뺄셈 → 3-1덧셈과 뺄셈 받아내림이 두 번 있는 뺄셈

배운 것을 기억해 볼까요?

1 $45-16=\square$ → $\square+16=45$

2 $475-143$

3 $52-19$

십의 자리에서 받아내림이 있는 세 자리 수의 뺄셈을 할 수 있어요.

30초 개념 빼는 수의 일의 자리가 클 때는 십의 자리에서 10을 받아내림하여 계산해요.

352−137의 계산 방법

① 일의 자리 계산 ② 십의 자리 계산 ③ 백의 자리 계산

이런 방법도 있어요!

받아내림이 있는 뺄셈도 백의 자리부터 계산할 수 있어요.

30초 개념

교과서에 나와 있는 개념 설명을 핵심만 추려
정리했어요. 해당 내용의 주제나 정리를
제목으로 크게 넣었어요. 제목만 큰 소리로 읽어봐도
개념을 이해하는 데 도움이 될 거예요.
그 아래에는 자세한 개념 설명과 풀이 방법을 넣었어요.

월 / 일 / ☆☆☆☆☆

수학은 주어진 문제를 이해하고 차근히 해결해나가는 것이 중요해요. 그래서 시간제한이 없는 대신 본인의 성취를 별✩로 표시하도록 했어요.
80% 이상 문제를 맞혔을 경우 다음 페이지로(별 4~5개), 그 이하인 경우 개념 설명을 다시 읽어보도록 해요.
완전히 이해가 되면 속도는 자연히 따라붙어요.

개념 익히기

월 일 ☆☆☆☆☆

계산해 보세요.

1. $535 - 319$
2. $564 - 127$
3. $642 - 415$
4. $960 - 728$
5. 3[illegible] $- 126$
6. $461 - 239$
7. $680 - 323$
8. $973 - 254$
9. $631 - 418$
10. $465 - 336$
11. $782 - 566$

덤

받아내림이 있는 뺄셈은 가로셈보다 세로셈으로 계산하는 것이 더 편리해요.

$535-319 \Rightarrow$ 세로셈 $535 - 319$

개념 익히기

30초 개념에서 다루었던 개념이 그대로 적용된 필수 문제예요. 똑개의 친절한 설명을 따라 문제를 풀다 보면 연산의 기본자세를 잡을 수 있어요.

덤

선생님들의 꿀팁이에요. 교육 현장에서 학생들이 자주 실수하거나 헷갈리는 문제에 대해 짤막하게 설명해줘요.

이런 방법도 있어요!

문제를 푸는 방법이 하나만 있는 건 아니에요. 수학은 공식으로만 푸는 것이 아닌, 생각하는 학문이랍니다. 선생님들이 좀 더 쉽게 개념을 이해할 수 있는 방법이나 다르게 생각할 수 있는 방법들을 제시했어요.

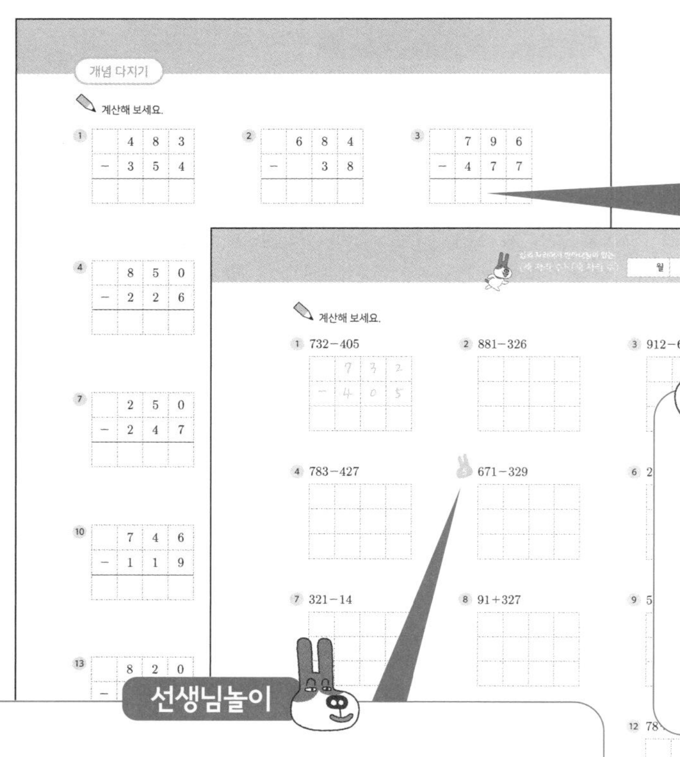

개념 다지기

개념 익히기보다 약간 난이도가 높은 실전 문제들이에요. 특히 개념을 완벽하게 이해하도록 도와주는, 손으로 직접 쓰는 필산 문제가 들어 있어요. 필산을 하면 계산 경로가 기록되기 때문에 실수가 줄고 논리적 사고력이 길러져요.

돌발 문제

똑같은 유형의 문제가 반복되면 생각하지 않고 문제를 풀게 되지요. 하지만 문제 중간에 엉뚱한 돌발 문제가 출몰한다면 생각의 끈을 놓을 수 없을 거예요. 덤으로, 어떤 문제를 맞닥뜨려도 풀어낼 수 있는 힘을 얻게 된답니다.

선생님놀이

답이 맞았다고 해도 풀이 과정을 말로 설명하지 못하면 개념을 이해하지 못한 거예요. 부모님이나 친구에게 설명을 해보세요. 그리고 답지에 나와 있는 모범 해설과 대조해보면 내가 이 문제를 얼마만큼 이해했는지 알 수 있을 거예요.

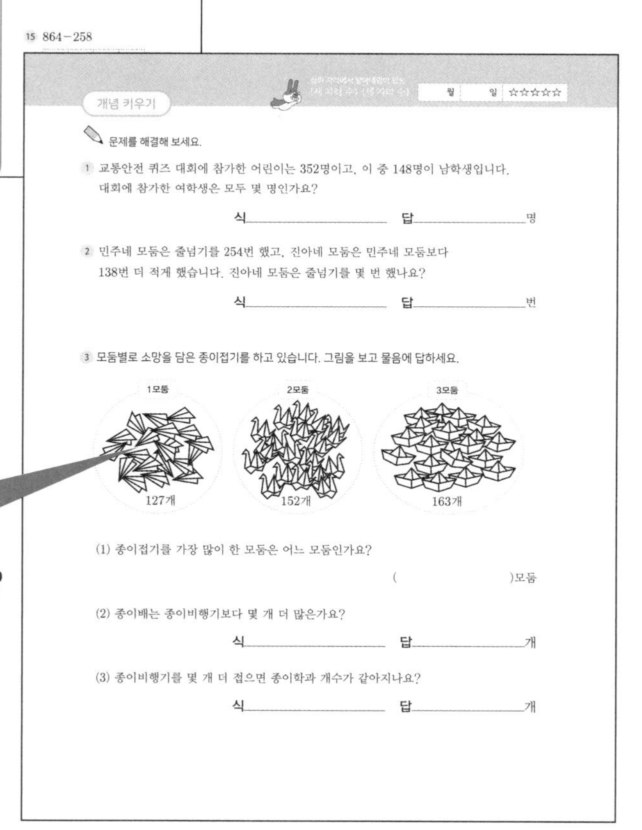

개념 키우기

일상에서 벌어지는 다양한 상황이 서술형 문제로 나옵니다. 새 교육과정에서 문장제의 비중이 높아지고 있습니다. 문장제는 생활 속에서 일어나는 상황을 수학적으로 이해하고 식으로 써서 답을 내는 과정이 중요한 문제로, 수학적으로 생각하는 힘을 키워줘요.

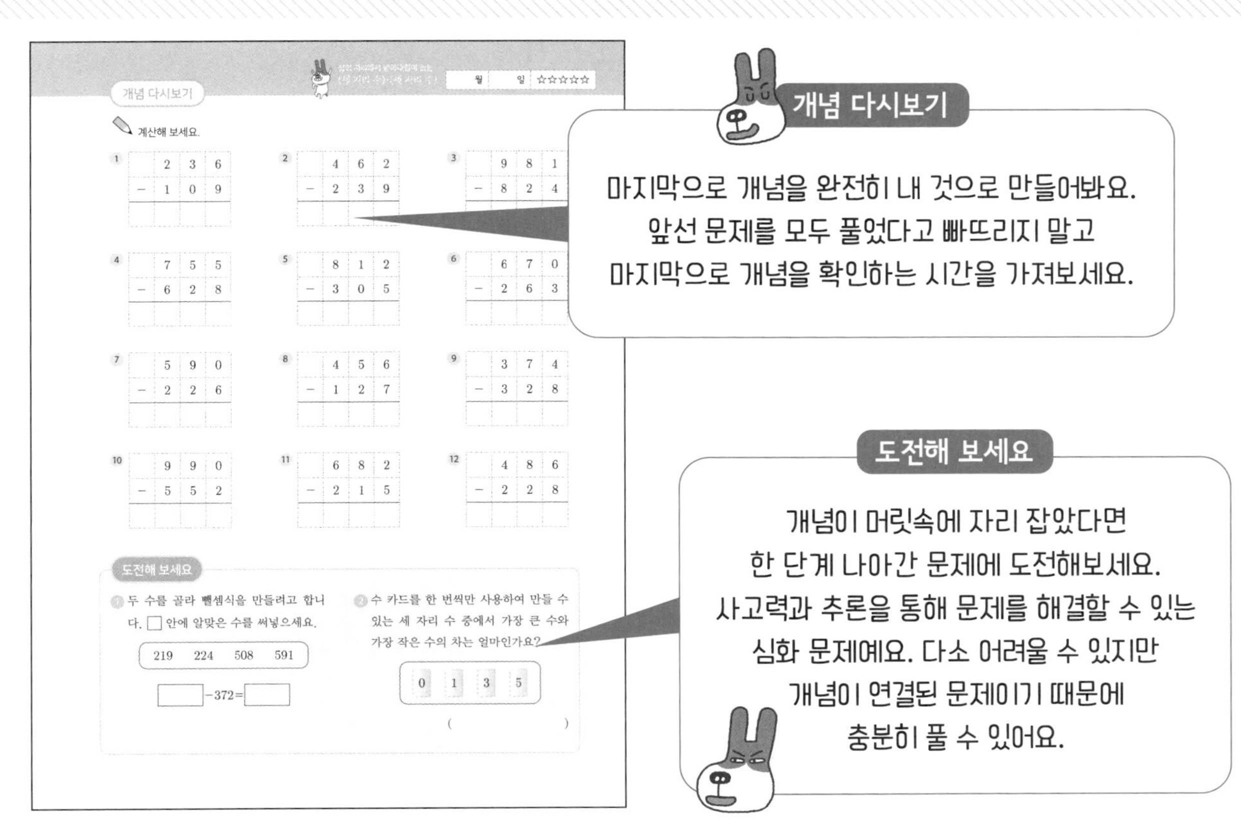
개념 다시보기
계산해 보세요.
도전해 보세요
개념 다시보기
마지막으로 개념을 완전히 내 것으로 만들어봐요.
앞선 문제를 모두 풀었다고 빠뜨리지 말고
마지막으로 개념을 확인하는 시간을 가져보세요.
도전해 보세요
개념이 머릿속에 자리 잡았다면
한 단계 나아간 문제에 도전해보세요.
사고력과 추론을 통해 문제를 해결할 수 있는
심화 문제예요. 다소 어려울 수 있지만
개념이 연결된 문제이기 때문에
충분히 풀 수 있어요.

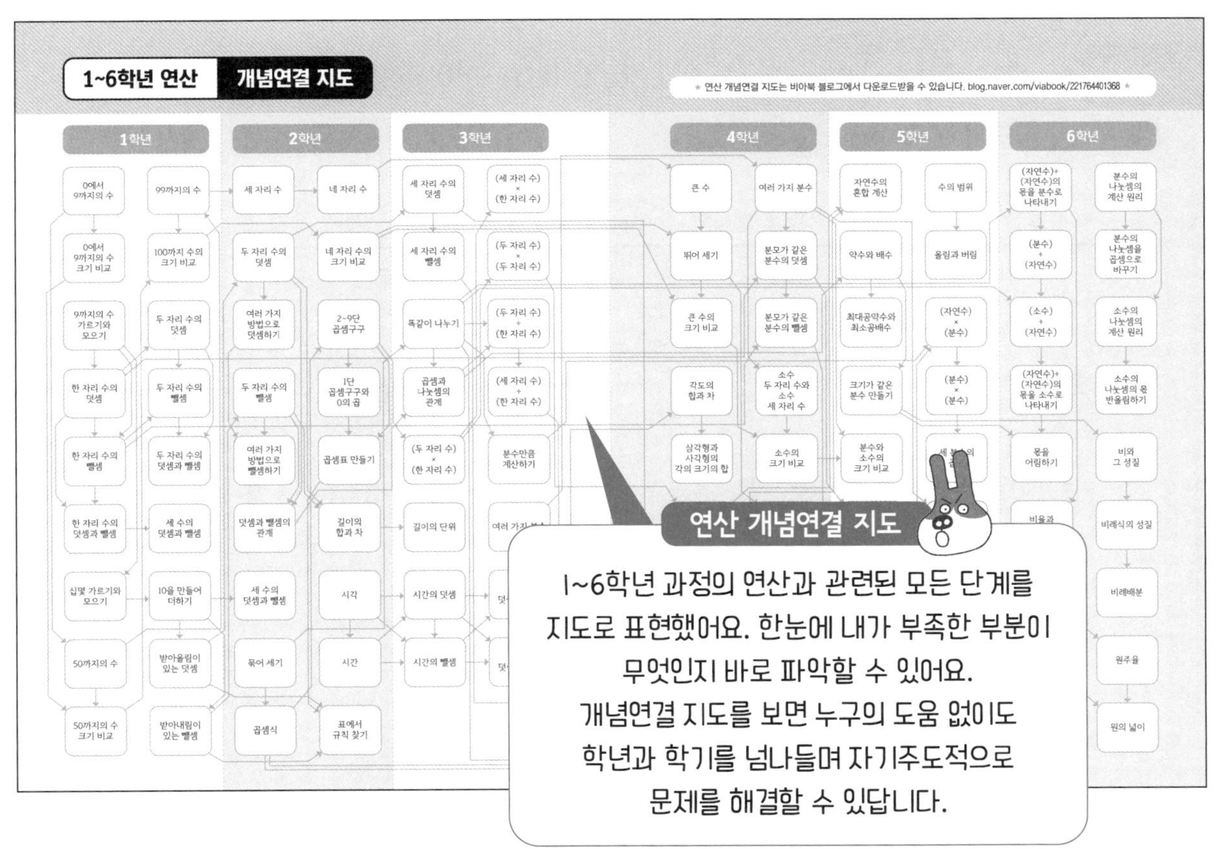
1~6학년 연산 개념연결 지도
1학년
2학년
3학년
4학년
5학년
6학년
연산 개념연결 지도
1~6학년 과정의 연산과 관련된 모든 단계를
지도로 표현했어요. 한눈에 내가 부족한 부분이
무엇인지 바로 파악할 수 있어요.
개념연결 지도를 보면 누구의 도움 없이도
학년과 학기를 넘나들며 자기주도적으로
문제를 해결할 수 있답니다.

1단계 분수와 소수의 관계

개념연결

3-1분수와 소수	3-2분수와 소수	(현재)	4-2분수의 덧셈과 뺄셈
분수와 소수	여러 가지 분수	분수와 소수의 관계	진분수의 덧셈
$\frac{3}{4}$은 $\frac{1}{4}$이 [3]개 0.1이 5개이면 [0.5]	$\frac{1}{3}$ → [진분수], $\frac{7}{4}$ → [가분수]	$\frac{1}{10}$=[0.1], 0.3=$\frac{[3]}{[10]}$	$\frac{2}{5}+\frac{1}{5}=\frac{[3]}{[5]}$

배운 것을 기억해 볼까요?

1 (1) $\frac{2}{5}$는 $\frac{1}{5}$이 ☐개

(2) $\frac{4}{7}$는 $\frac{1}{7}$이 ☐개

2 (1) 0.1이 15개이면 ☐

(2) 2.3은 0.1이 ☐개

분수와 소수의 관계를 알고, 크기 비교를 할 수 있어요.

30초 개념 $\frac{1}{10}$, $\frac{2}{10}$, $\frac{3}{10}$……$\frac{9}{10}$를 0.1, 0.2, 0.3……0.9라고 써요.

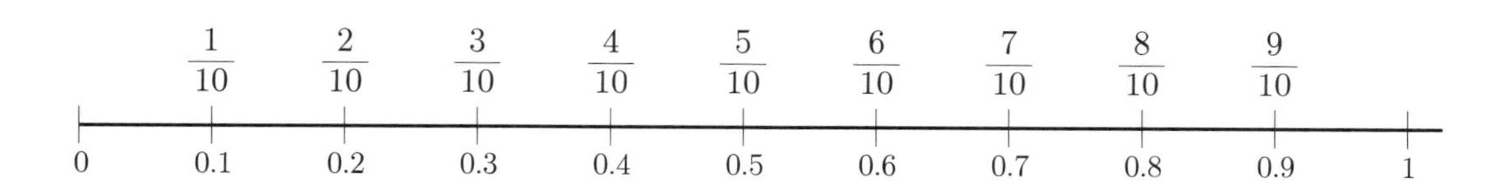

분수의 크기 비교

$\frac{1}{3} < \frac{1}{2}$

단위분수는 분모가 작을수록 더 커요.

$5<7$

$\frac{5}{4} < \frac{7}{4}$

$4=4$

분모가 같은 분수는 분자가 클수록 더 커요.

소수의 크기 비교

$4.5 < 7.3$

$4<7$

자연수 부분이 클수록 더 커요.

$2.1 < 2.7$

$1<7$

자연수 부분이 같으면 소수 첫째자리 숫자가 클수록 더 커요.

분수와 소수의 크기를 비교하여 ◯ 안에 >, =, <를 알맞게 써넣으세요.

1 $\frac{3}{4}$ (>) $\frac{2}{4}$

분모가 같은 분수의 크기는 단위분수의 개수로 비교해요.

2 0.3 (<) 0.6

소수의 크기는 단위소수의 개수로 비교해요.
0.1 ➡ 단위소수

3 $\frac{4}{5}$ ◯ $\frac{2}{5}$

4 3.7 ◯ 6.1

5 $\frac{1}{8}$ ◯ $\frac{1}{6}$

6 2.7 ◯ 2.4

□ 안에 알맞은 수를 써넣으세요.

7

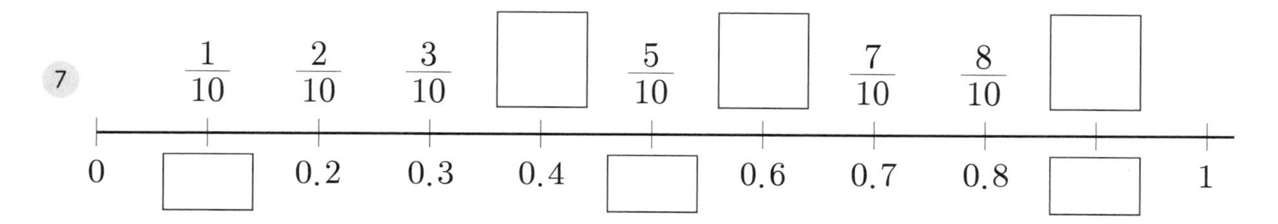

대분수를 가분수로, 가분수를 대분수로 나타내세요.

8 $2\frac{3}{5}=\frac{\square}{\square}$

9 $\frac{13}{6}=\square\frac{\square}{\square}$

10 $3\frac{2}{5}=\frac{\square}{\square}$

11 $\frac{15}{7}=\square\frac{\square}{\square}$

12 $\frac{39}{9}=\square\frac{\square}{\square}$

13 $2\frac{7}{10}=\frac{\square}{\square}$

대분수를 가분수로 나타내기

$$2\frac{1}{4}=\frac{4\times2+1}{4}=\frac{8+1}{4}=\frac{9}{4}$$

가분수를 대분수로 나타내기

$$\frac{5}{3} \Rightarrow 5\div3=1\cdots2 \Rightarrow 1\frac{2}{3}$$

개념 다지기

대분수를 가분수로, 가분수를 대분수로 나타내세요.

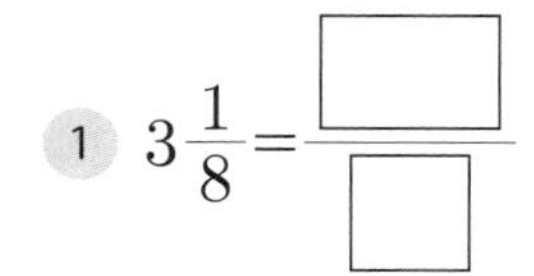

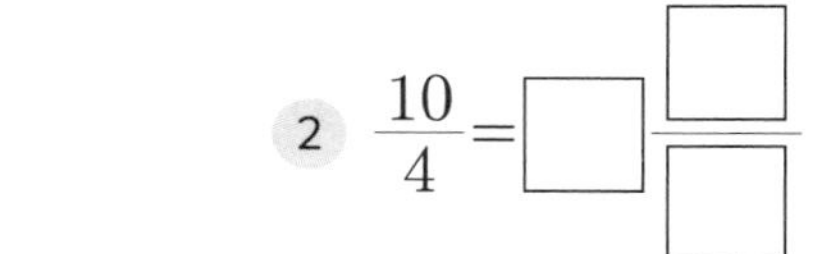

1 $3\frac{1}{8}=\frac{\square}{\square}$

2 $\frac{10}{4}=\square\frac{\square}{\square}$

3 $\frac{8}{3}=\square\frac{\square}{\square}$

4 $2\frac{3}{4}=\frac{\square}{\square}$

5 $\frac{12}{5}=\square\frac{\square}{\square}$

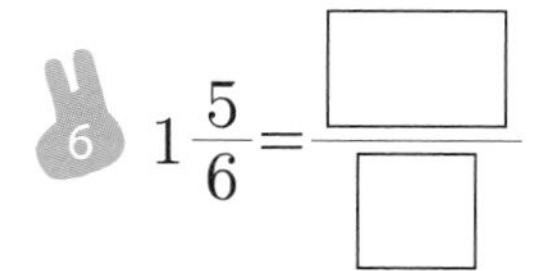

6 $1\frac{5}{6}=\frac{\square}{\square}$

크기를 비교하여 ○ 안에 $>$, $=$, $<$를 알맞게 써넣으세요.

7 $2\frac{1}{3}$ ○ $2\frac{2}{3}$

8 $\frac{1}{10}$ ○ $\frac{1}{9}$

9 433 ○ 72

10 $\frac{111}{11}$ ○ $11\frac{1}{11}$

11 $\frac{1}{5}$ ○ $\frac{1}{3}$

12 $9\frac{4}{7}$ ○ $9\frac{3}{7}$

13 4.2 ○ 3.2

14 9.4 ○ 9.3

15 $\frac{8}{10}$ ○ 0.7

16 2.1 ○ 1.2

17 6.3 ○ 6.4

18 0.2 ○ $\frac{2}{10}$

대분수를 가분수로, 가분수를 대분수로 나타내세요.

1 $\frac{7}{2}=\square\frac{\square}{\square}$

2 $2\frac{2}{3}=\frac{\square}{\square}$

3 $\frac{13}{5}=\square\frac{\square}{\square}$

4 $3\frac{5}{8}=\frac{\square}{\square}$

5 $133-74=\square$

6 $\frac{43}{4}=\square\frac{\square}{\square}$

크기를 비교하여 ◯ 안에 >, =, <를 알맞게 써넣으세요.

7 $4\frac{1}{3}$ ◯ $\frac{14}{3}$

8 $\frac{24}{9}$ ◯ $\frac{25}{9}$

9 $3\frac{2}{4}$ ◯ $2\frac{3}{4}$

10 $\frac{1}{6}$ ◯ $\frac{1}{60}$

11 $1\frac{3}{7}$ ◯ $\frac{9}{7}$

12 $\frac{19}{4}$ ◯ $3\frac{3}{4}$

13 0.9 ◯ $\frac{8}{10}$

14 2.4 ◯ 2.6

15 7.1 ◯ 1.7

16 2.7 ◯ $\frac{27}{10}$

17 3.1 ◯ 4.3

18 $\frac{9}{10}$ ◯ 1.1

문제를 해결해 보세요.

1 서준이네 가족이 김밥을 싸서 소풍을 갔습니다.
김밥은 총 4줄이며 한 줄당 똑같이 10조각으로 나뉘어 있습니다. 물음에 답하세요.

(1) 서준이는 싸 온 김밥 중 18조각을 먹었습니다. 서준이가 먹은 김밥이 몇 줄인지 가분수로 나타낸 다음 대분수로 나타내세요.

(,)줄

(2) 어머니는 싸 온 김밥 중 22조각을 먹었습니다. 어머니가 먹은 김밥이 몇 줄인지 가분수로 나타낸 다음 대분수로 나타내세요.

(,)줄

2 서준이와 강준이는 방과후 수업을 받습니다. 오늘 서준이의 수업 시간은 $1\frac{1}{3}$시간이었고, 강준이의 수업 시간은 $\frac{7}{6}$시간이었습니다. 물음에 답하세요.

(1) 오늘 서준이와 강준이 중 누가 수업을 더 오래 받았나요?

( )

(2) 서준이가 오늘 수업받은 시간을 가분수로 나타내고 모두 몇 분인지 구해 보세요.

(,)

(3) 강준이가 오늘 수업받은 시간을 대분수로 나타내고 모두 몇 분인지 구해 보세요.

(,)

개념 다시보기

 □ 안에 알맞은 수를 써넣으세요.

1. $\frac{25}{6} = \square\frac{\square}{\square}$
2. $3\frac{2}{3} = \frac{\square}{\square}$
3. $7\frac{1}{7} = \frac{\square}{\square}$
4. $1\frac{5}{10} = \frac{\square}{\square}$
5. $\frac{39}{8} = \square\frac{\square}{\square}$
6. $\frac{22}{4} = \square\frac{\square}{\square}$

 크기를 비교하여 ○ 안에 >, =, <를 알맞게 써넣으세요.

7. $\frac{41}{3}$ ○ $10\frac{1}{3}$
8. $\frac{4}{10}$ ○ 0.4
9. 2.6 ○ 2.8
10. 4.1 ○ 6.1
11. $\frac{45}{9}$ ○ $5\frac{3}{9}$
12. $2\frac{4}{7}$ ○ $3\frac{4}{7}$

도전해 보세요

1. 8장의 수 카드 중에서 2장을 골라 가장 큰 가분수를 만들고, 대분수로 나타내세요.

2	3	4	5	6	7	8	9

가분수 (   )

대분수 (   )

2. 서준이와 강준이 중에서 누가 게임을 몇 시간 더 했는지 구해 보세요.

나는 $\frac{18}{12}$시간 동안 게임을 했어.

나는 $1\frac{7}{12}$시간 동안 게임을 했어.

(,   )

2단계 진분수의 덧셈

개념연결

3-1분수와 소수	3-2분수		4-2분수의 덧셈과 뺄셈
전체와 부분의 관계	여러 가지 분수 알기	진분수의 덧셈	대분수의 덧셈
$=\frac{1}{4}$	$\frac{1}{4}$이 3개이면 $\frac{3}{4}$	$\frac{1}{3}+\frac{1}{3}=\frac{2}{3}$	$4\frac{1}{6}+2\frac{4}{6}=6\frac{5}{6}$

배운 것을 기억해 볼까요?

1 $= \frac{\square}{\square}$

2 $\frac{1}{5}$이 4개이면 $\frac{\square}{\square}$입니다.

분모가 같은 진분수의 덧셈을 할 수 있어요.

30초 개념

분자가 분모보다 작은 분수를 진분수라고 해요.

분모가 같은 진분수의 덧셈은 단위분수의 개수를 더해요.

$\frac{2}{4}+\frac{1}{4}$의 계산 방법

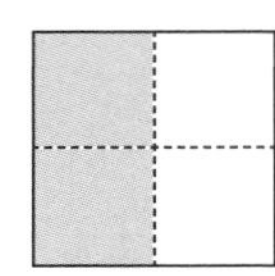

$\frac{2}{4}$는 $\frac{1}{4}$이 2개

+

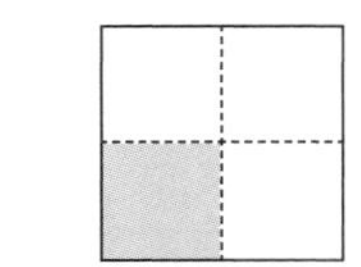

$\frac{1}{4}$은 $\frac{1}{4}$이 1개

=

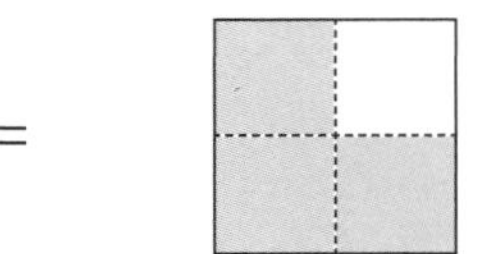

$\frac{2}{4}+\frac{1}{4}$은 $\frac{1}{4}$이 3개이므로 $\frac{3}{4}$

이런 방법도 있어요!

분모가 같은 진분수의 덧셈은

분모는 그대로 두고 분자끼리 더해요.

분자끼리 더해요.

$$\frac{2}{4}+\frac{1}{4}=\frac{2+1}{4}=\frac{3}{4}$$

분모는 그대로!

그림에 색칠하고 □ 안에 알맞은 수를 써넣으세요.

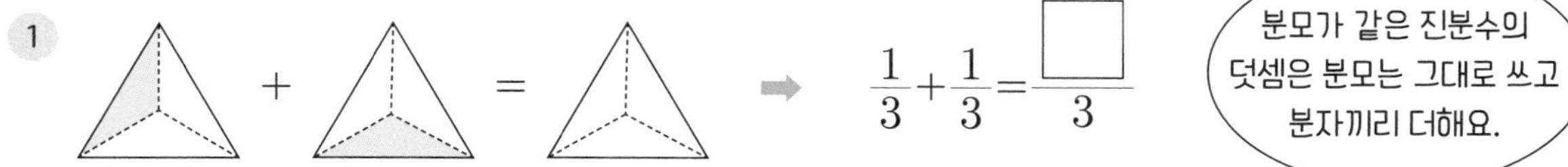

1 $\frac{1}{3}+\frac{1}{3}=\frac{\square}{3}$

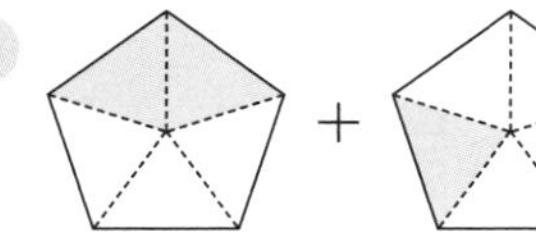

2 $\frac{2}{5}+\frac{1}{5}=\frac{\square}{5}$

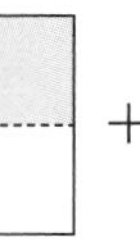

3 $\frac{2}{4}+\frac{1}{4}=\frac{\square}{\square}$

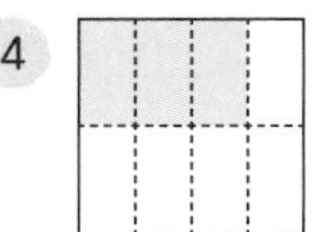

4 $\frac{3}{8}+\frac{4}{8}=\frac{\square}{\square}$

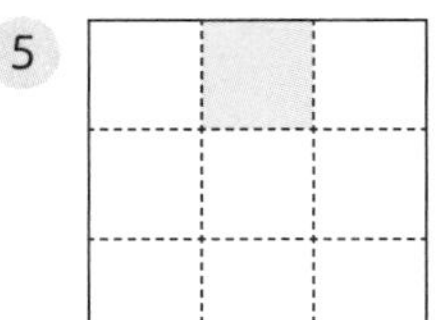

5 $\frac{1}{9}+\frac{7}{9}=\frac{\square}{\square}$

덤

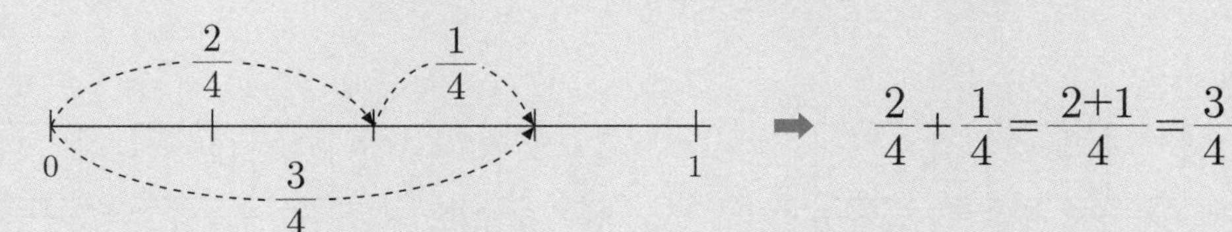

$\frac{2}{4}+\frac{1}{4}=\frac{2+1}{4}=\frac{3}{4}$

개념 다지기

□ 안에 알맞은 수를 써넣으세요.

1. $\frac{3}{5}+\frac{1}{5}=\frac{3+\square}{5}=\frac{\square}{5}$

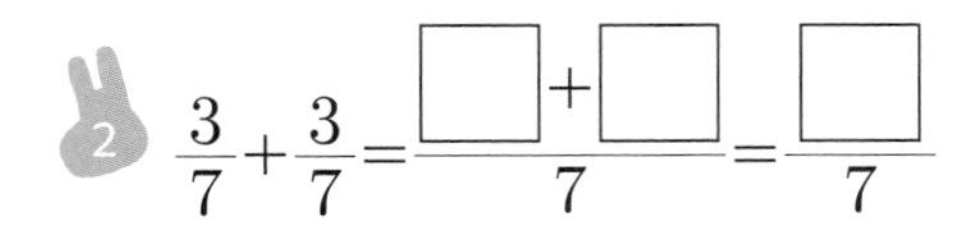

2. $\frac{3}{7}+\frac{3}{7}=\frac{\square+\square}{7}=\frac{\square}{7}$

3. $\frac{4}{7}+\frac{1}{7}=\frac{4+\square}{7}=\frac{\square}{\square}$

4. $\frac{1}{6}+\frac{4}{6}=\frac{\square+4}{6}=\frac{\square}{\square}$

5. $\frac{2}{8}$는 $\frac{1}{8}$이 □개입니다.

6. $\frac{3}{8}+\frac{4}{8}=\frac{3+\square}{8}=\frac{\square}{\square}$

7. $\frac{2}{6}+\frac{3}{6}=\frac{\square+\square}{6}=\frac{\square}{6}$

8. $\frac{2}{9}+\frac{6}{9}=\frac{\square+6}{9}=\frac{\square}{\square}$

9. $\frac{4}{11}+\frac{6}{11}=\frac{\square+\square}{11}=\frac{\square}{11}$

10. 10의 $\frac{3}{5}$은 □입니다.

11. $\frac{4}{15}+\frac{9}{15}=\frac{\square+\square}{\square}=\frac{\square}{\square}$

12. $\frac{5}{13}+\frac{6}{13}=\frac{\square+\square}{\square}=\frac{\square}{\square}$

계산해 보세요.

1. $\frac{4}{9}+\frac{4}{9}$

$\frac{4}{9}+\frac{4}{9}=$

2. $\frac{2}{6}+\frac{1}{6}$

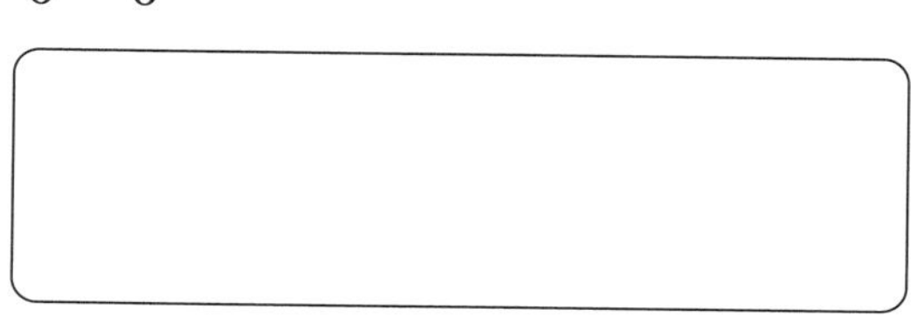

3. $\frac{2}{9}+\frac{1}{9}$

4. $\frac{4}{18}+\frac{7}{18}$

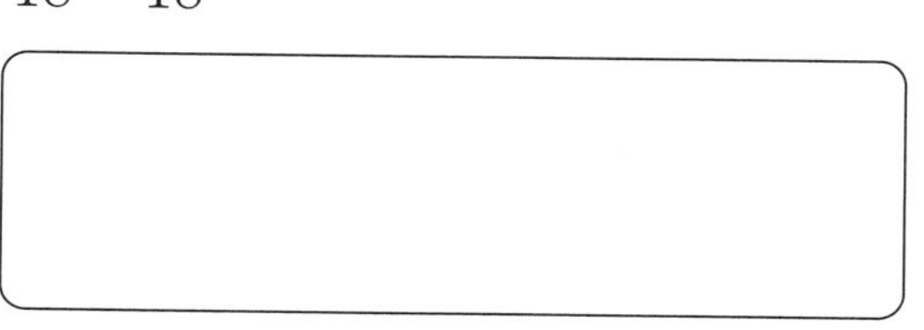

5. $\frac{2}{15}+\frac{4}{15}$

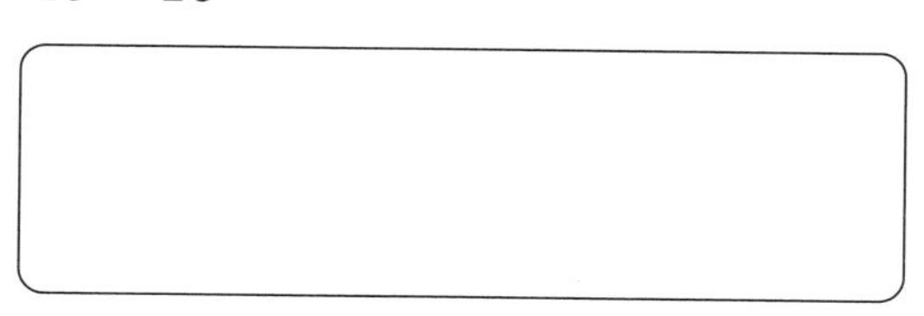

6. $\frac{4}{7}+\frac{2}{7}$

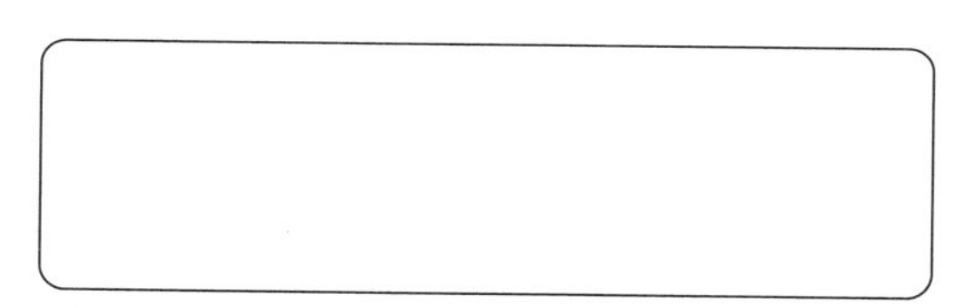

7. $\frac{1}{12}+\frac{1}{12}$

8. $\frac{6}{19}+\frac{5}{19}$

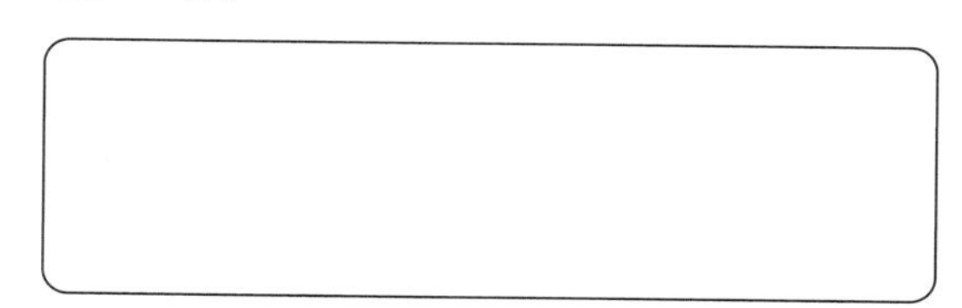

9. $\frac{5}{29}+\frac{5}{29}$

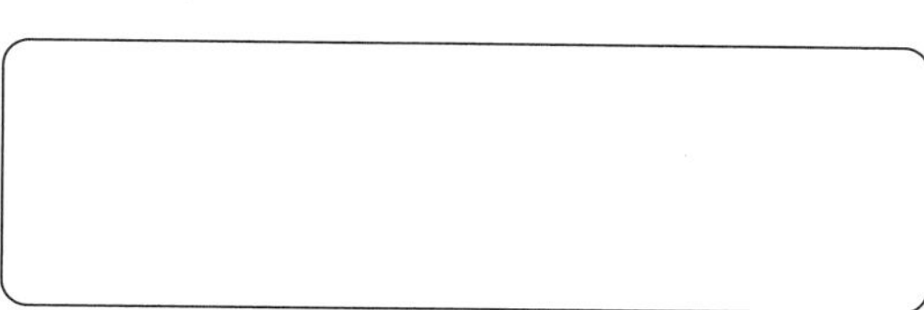

10. $\frac{17}{39}+\frac{6}{39}$

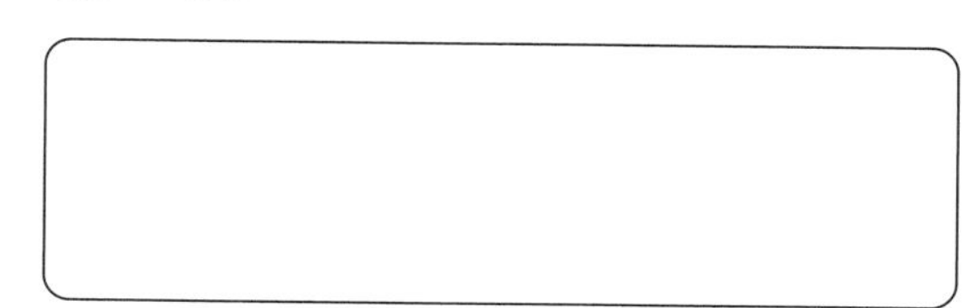

개념 키우기

문제를 해결해 보세요.

1 빵 한 개를 만드는 데 밀가루 $\frac{3}{7}$ kg이 필요하고, 과자 한 개를 만드는 데 밀가루 $\frac{2}{7}$ kg이 필요합니다. 빵 한 개와 과자 한 개를 만드는 데 필요한 밀가루는 모두 몇 kg인가요?

식 ______________________ 답 ______________ kg

2 이효와 민준이가 피자를 주문하여 다음과 같이 먹었습니다. 물음에 답하세요.

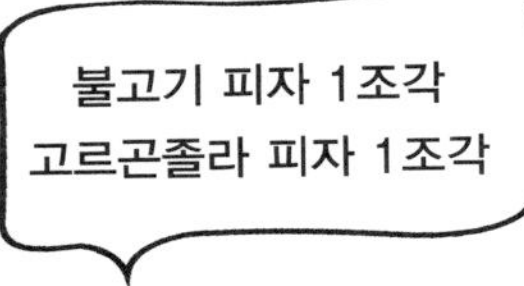

(1) 이효가 먹은 불고기 피자는 몇 판인가요?

( )판

(2) 민준이가 먹은 포테이토 피자는 몇 판인가요?

( )판

(3) 이효와 민준이가 먹은 고르곤졸라 피자는 모두 몇 판인가요?

( )판

개념 다시보기

계산해 보세요.

1. $\frac{2}{9}+\frac{5}{9}=\frac{\square}{\square}$

2. $\frac{2}{6}+\frac{1}{6}=\frac{\square}{\square}$

3. $\frac{4}{9}+\frac{4}{9}=\frac{\square}{\square}$

4. $\frac{2}{13}+\frac{2}{13}=\frac{\square}{\square}$

5. $\frac{8}{17}+\frac{8}{17}=\frac{\square}{\square}$

6. $\frac{2}{5}+\frac{2}{5}=\frac{\square}{\square}$

7. $\frac{14}{29}+\frac{7}{29}=\frac{\square}{\square}$

8. $\frac{3}{9}+\frac{5}{9}=\frac{\square}{\square}$

9. $\frac{7}{12}+\frac{3}{12}=\frac{\square}{\square}$

10. $\frac{3}{8}+\frac{2}{8}=\frac{\square}{\square}$

11. $\frac{7}{15}+\frac{7}{15}=\frac{\square}{\square}$

12. $\frac{1}{7}+\frac{1}{7}=\frac{\square}{\square}$

도전해 보세요

1. 주어진 악보에서 한 마디는 몇 박자인가요?

- 음표 ♩는 $\frac{1}{4}$박자를 나타냅니다.
- 음표 ♪ 2개의 길이는 ♩의 길이와 같습니다.

(　　　　　　　　)

2. 계산해 보세요.

(1) $\frac{7}{13}+\frac{8}{13}=$

(2) $\frac{6}{7}+\frac{4}{7}=$

합이 1보다 크거나 같은

3단계 진분수의 덧셈

개념연결

3-1분수와 소수	3-2분수	진분수의 덧셈	4-2분수의 덧셈과 뺄셈
전체와 부분의 관계	가분수와 대분수의 관계		대분수의 덧셈
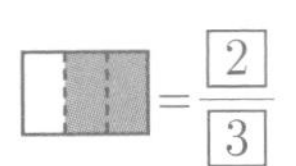 $=\frac{2}{3}$	$\frac{10}{7}=1\frac{3}{7}$	$\frac{3}{4}+\frac{3}{4}=1\frac{2}{4}$	$1\frac{1}{3}+2\frac{1}{3}=3\frac{2}{3}$

배운 것을 기억해 볼까요?

1 $\frac{2}{5}$는 $\frac{1}{5}$이 □개입니다.

2 $\frac{1}{5}$이 6개이면 $\frac{□}{□}$이고, □$\frac{□}{□}$입니다.

분모가 같은 진분수의 덧셈을 할 수 있어요.

30초 개념 진분수는 1보다 작은 분수예요. 분모가 같은 진분수의 덧셈은 단위분수의 개수를 더해요. 덧셈 결과가 가분수이면 대분수로 바꾸어 나타낼 수 있어요.

$\frac{2}{4}+\frac{3}{4}$의 계산 방법

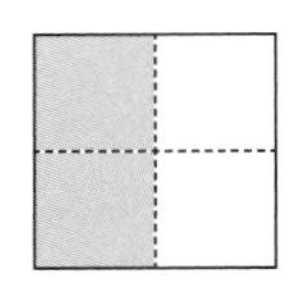 + 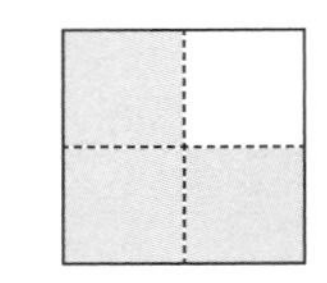 = 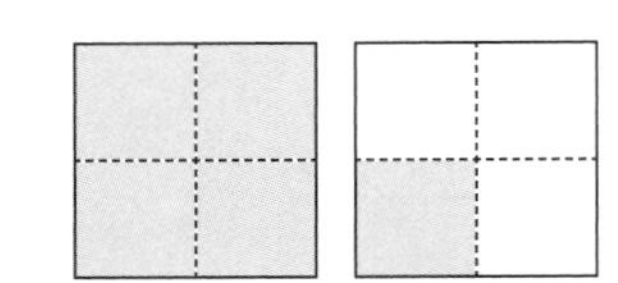

$\frac{2}{4}$는 $\frac{1}{4}$이 2개 / $\frac{3}{4}$은 $\frac{1}{4}$이 3개 / $\frac{2}{4}+\frac{3}{4}$은 $\frac{1}{4}$이 5개이므로 $\frac{5}{4}\left(=1\frac{1}{4}\right)$

이런 방법도 있어요!

분모가 같은 진분수의 덧셈은
분모는 그대로 두고 분자끼리 더해요.
덧셈 결과가 가분수이면
대분수로 바꾸어 나타낼 수 있어요.

$$\frac{2}{4}+\frac{3}{4}=\frac{2+3}{4}=\frac{5}{4}=1\frac{1}{4}$$

가분수 → 대분수

개념 익히기

□ 안에 알맞은 수를 써넣으세요.

1 $\frac{4}{5}+\frac{3}{5}=\frac{4+3}{5}=\frac{7}{5}=1\frac{2}{5}$

분자끼리 더해요.

2 $\frac{7}{9}+\frac{4}{9}=\frac{\square}{\square}=\square\frac{\square}{\square}$

3 $\frac{2}{3}+\frac{2}{3}=\frac{\square}{\square}=\square\frac{\square}{\square}$

4 $\frac{7}{9}+\frac{8}{9}=\frac{\square}{\square}=\square\frac{\square}{\square}$

5 $\frac{3}{5}+\frac{4}{5}=\frac{\square}{\square}=\square\frac{\square}{\square}$

6 $\frac{6}{8}+\frac{4}{8}=\frac{\square}{\square}=\square\frac{\square}{\square}$

7 $\frac{5}{7}+\frac{4}{7}=\frac{\square}{\square}=\square\frac{\square}{\square}$

8 $\frac{8}{10}+\frac{6}{10}=\frac{\square}{\square}=\square\frac{\square}{\square}$

9 $\frac{5}{6}+\frac{4}{6}=\frac{\square}{\square}=\square\frac{\square}{\square}$

10 $\frac{4}{5}+\frac{4}{5}=\frac{\square}{\square}=\square\frac{\square}{\square}$

11 $\frac{3}{4}+\frac{2}{4}=\frac{\square}{\square}=\square\frac{\square}{\square}$

개념 다지기

 □ 안에 알맞은 수를 써넣으세요.

1 $\frac{2}{3}+\frac{2}{3}=\frac{\square}{\square}=\square\frac{\square}{\square}$

2 $\frac{3}{4}+\frac{2}{4}=\frac{\square}{\square}=\square\frac{\square}{\square}$

3 $\frac{5}{9}+\frac{7}{9}=\frac{\square}{\square}=\square\frac{\square}{\square}$

4 $\frac{6}{14}+\frac{9}{14}=\frac{\square}{\square}=\square\frac{\square}{\square}$

5 $\frac{6}{7}+\frac{6}{7}=\frac{\square}{\square}=\square\frac{\square}{\square}$

6 $\frac{12}{16}+\frac{9}{16}=\frac{\square}{\square}=\square\frac{\square}{\square}$

7 $\frac{25}{6}=\square\frac{\square}{\square}$

8 $\frac{6}{8}+\frac{7}{8}=\frac{\square}{\square}=\square\frac{\square}{\square}$

9 $\frac{36}{37}+\frac{35}{37}=\frac{\square}{\square}=\square\frac{\square}{\square}$

10 $\frac{6}{9}+\frac{5}{9}=\frac{\square}{\square}=\square\frac{\square}{\square}$

11 $82\div9=\square\cdots\square$

12 $\frac{10}{11}+\frac{8}{11}=\frac{\square}{\square}=\square\frac{\square}{\square}$

13 $\frac{8}{9}+\frac{7}{9}=\frac{\square}{\square}=\square\frac{\square}{\square}$

14 $\frac{14}{16}+\frac{4}{16}=\frac{\square}{\square}=\square\frac{\square}{\square}$

 계산해 보세요.

1 $\frac{3}{5}+\frac{4}{5}$

$\frac{3}{5}+\frac{4}{5}=$

2 $\frac{3}{6}+\frac{4}{6}$

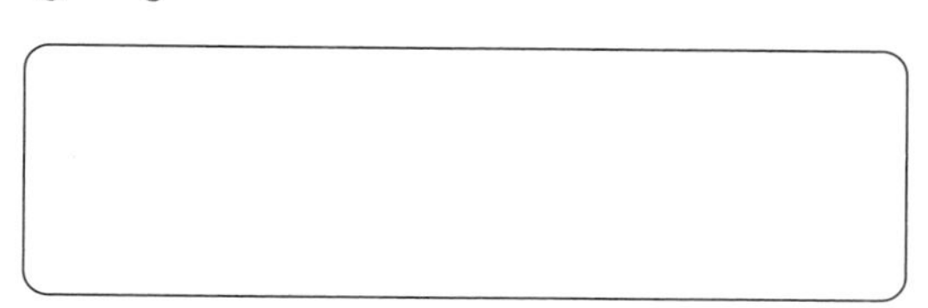

3 $\frac{4}{7}+\frac{6}{7}$

4 $\frac{8}{9}+\frac{6}{9}$

5 $\frac{5}{10}+\frac{7}{10}$

6 $\frac{13}{14}+\frac{12}{14}$

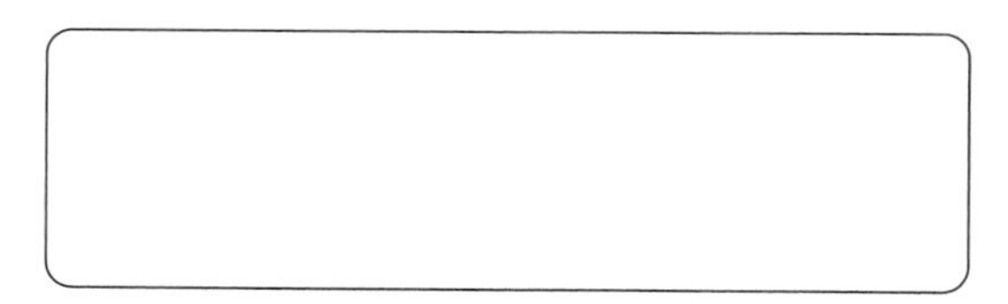

7 $\frac{14}{18}+\frac{17}{18}$

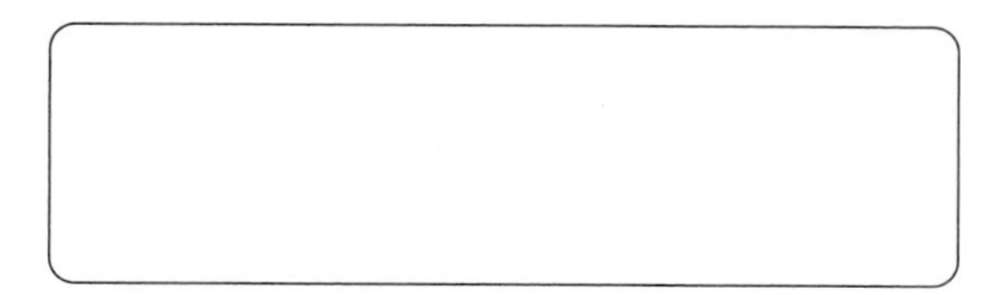

8 $\frac{12}{17}+\frac{14}{17}$

9 $\frac{11}{12}+\frac{11}{12}$

10 $\frac{10}{13}+\frac{5}{13}$

문제를 해결해 보세요.

1 케이크 한 개를 만드는 데는 밀가루 $\frac{5}{6}$ kg이 필요하고, 빵 한 개를 만드는 데는 밀가루 $\frac{4}{6}$ kg이 필요합니다. 케이크 한 개와 빵 한 개를 만드는 데 필요한 밀가루는 모두 몇 kg인가요?

식 ________________ 답 ________ kg

2 서준이는 불고기 피자 $\frac{2}{4}$판, 포테이토 피자 $\frac{3}{4}$판, 스테이크 피자 $\frac{1}{4}$판을 먹고, 민준이는 불고기 피자 $\frac{2}{4}$판, 포테이토 피자 $\frac{1}{4}$판, 스테이크 피자 $\frac{3}{4}$판을 먹었습니다. 물음에 답하세요.

(1) 서준이와 민준이가 먹은 포테이토 피자는 모두 몇 판인가요?

식 ________________ 답 ________ 판

(2) 서준이와 민준이가 먹은 불고기 피자는 모두 몇 판인가요?

식 ________________ 답 ________ 판

(3) 서준이와 민준이가 먹은 스테이크 피자는 모두 몇 판인가요?

식 ________________ 답 ________ 판

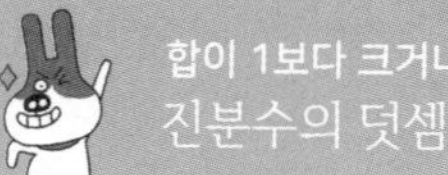

개념 다시보기

계산해 보세요.

1 $\frac{8}{9}+\frac{5}{9}=\frac{\square}{\square}=\square\frac{\square}{\square}$

2 $\frac{2}{6}+\frac{5}{6}=\frac{\square}{\square}=\square\frac{\square}{\square}$

3 $\frac{14}{19}+\frac{14}{19}=\frac{\square}{\square}=\square\frac{\square}{\square}$

4 $\frac{12}{13}+\frac{9}{13}=\frac{\square}{\square}=\square\frac{\square}{\square}$

5 $\frac{14}{17}+\frac{4}{17}=\frac{\square}{\square}=\square\frac{\square}{\square}$

6 $\frac{4}{5}+\frac{3}{5}=\frac{\square}{\square}=\square\frac{\square}{\square}$

7 $\frac{14}{29}+\frac{17}{29}=\frac{\square}{\square}=\square\frac{\square}{\square}$

8 $\frac{6}{7}+\frac{6}{7}=\frac{\square}{\square}=\square\frac{\square}{\square}$

도전해 보세요

1 수 카드 3장을 골라 식을 완성해 보세요.

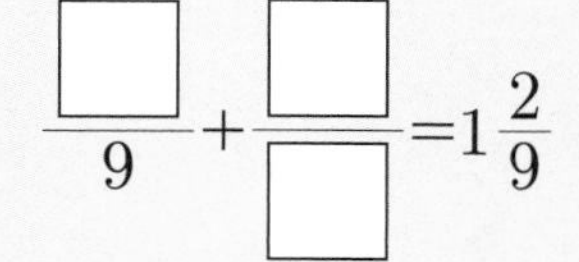

$\frac{\square}{9}+\frac{\square}{\square}=1\frac{2}{9}$

2 길이가 각각 7 cm인 색 테이프 3장을 그림과 같이 $\frac{4}{5}$ cm씩 겹쳐서 이어 붙였습니다. 색 테이프의 겹쳐진 부분의 길이의 합은 몇 cm인가요?

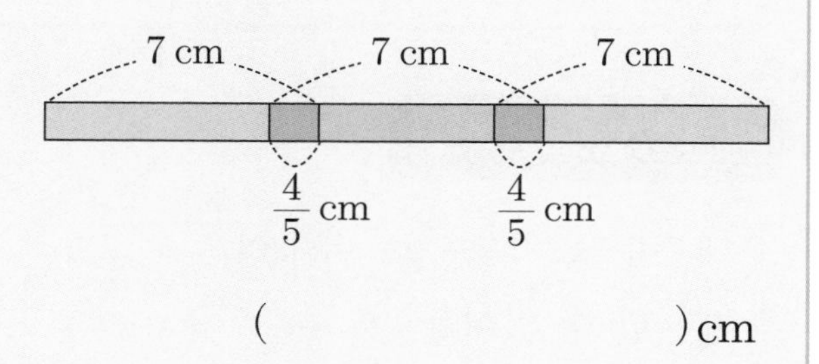

(　　　　　　　　) cm

4단계 대분수의 덧셈

개념연결

3-2분수	4-2분수의 덧셈과 뺄셈		4-2분수의 덧셈과 뺄셈
가분수와 대분수의 관계	진분수의 덧셈	대분수의 덧셈	대분수의 뺄셈
$\frac{14}{5}=\boxed{2}\frac{\boxed{4}}{\boxed{5}}$	$\frac{2}{6}+\frac{3}{6}=\frac{\boxed{5}}{\boxed{6}}$	$2\frac{1}{3}+3\frac{1}{3}=\boxed{5}\frac{\boxed{2}}{\boxed{3}}$	$2\frac{3}{4}-1\frac{1}{4}=\boxed{1}\frac{\boxed{2}}{\boxed{4}}$

배운 것을 기억해 볼까요?

1 $4\frac{3}{6}=\frac{\square}{6}$

2 $\frac{9}{4}=\square\frac{\square}{4}$

3 $\frac{9}{15}+\frac{8}{15}=$

분모가 같은 대분수의 덧셈을 할 수 있어요.

30초 개념

분모가 같은 대분수의 덧셈은 자연수는 자연수끼리, 진분수는 진분수끼리 더해요.

$1\frac{2}{5}+2\frac{1}{5}$ **의 계산 방법**

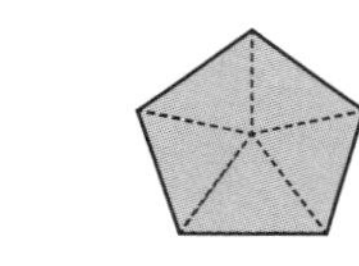
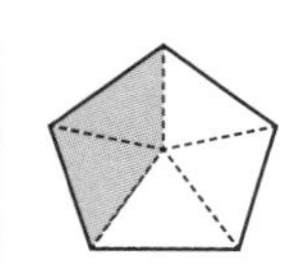

$1\frac{2}{5}$

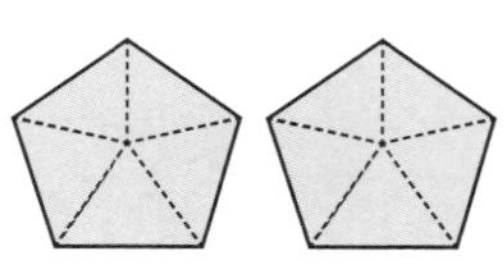
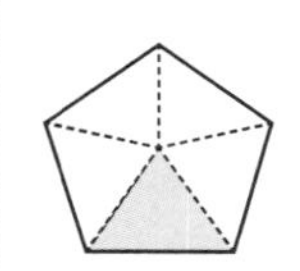

$2\frac{1}{5}$

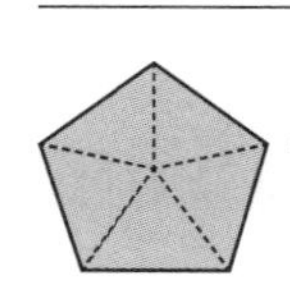
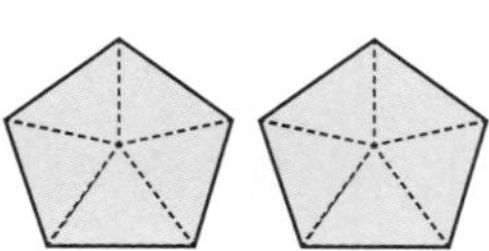
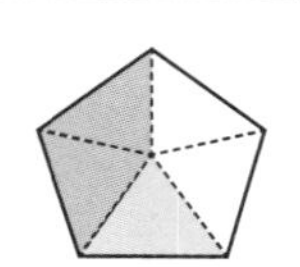

자연수끼리 더해요.

$1\frac{2}{5}+2\frac{1}{5}=(1+2)+(\frac{2}{5}+\frac{1}{5})=3\frac{3}{5}$

진분수끼리 더해요.

이런 방법도 있어요!

대분수를 가분수로 바꾸어 계산할 수 있어요.

$1\frac{2}{5}+2\frac{1}{5}=\frac{7}{5}+\frac{11}{5}=\frac{18}{5}=3\frac{3}{5}$

대분수 → 가분수　　가분수 → 대분수

개념 익히기

□ 안에 알맞은 수를 써넣으세요.

자연수는 자연수끼리 분수는 분수끼리 더해요.

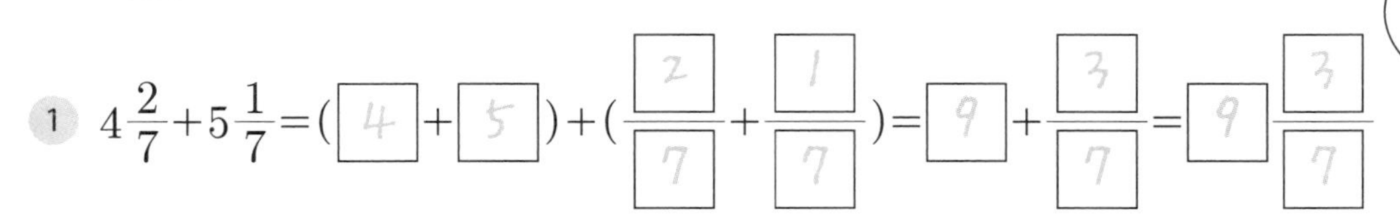

1 $4\frac{2}{7}+5\frac{1}{7}=(4+5)+(\frac{2}{7}+\frac{1}{7})=9+\frac{3}{7}=9\frac{3}{7}$

2 $1\frac{4}{6}+2\frac{1}{6}=(\square+\square)+(\frac{\square}{\square}+\frac{\square}{\square})=\square+\frac{\square}{\square}=\square\frac{\square}{\square}$

3 $3\frac{3}{5}+2\frac{1}{5}=(\square+\square)+(\frac{\square}{\square}+\frac{\square}{\square})=\square+\frac{\square}{\square}=\square\frac{\square}{\square}$

4 $1\frac{2}{4}+2\frac{1}{4}=(\frac{6}{4}+\frac{9}{4})=\frac{15}{4}=3\frac{3}{4}$

대분수를 가분수로 바꾸어 분자끼리 더하고 결과를 대분수로 나타낼 수 있어요.

5 $1\frac{2}{5}+4\frac{1}{5}=(\frac{\square}{\square}+\frac{\square}{\square})=\frac{\square}{\square}=\square\frac{\square}{\square}$

6 $3\frac{2}{7}+1\frac{3}{7}=(\frac{\square}{\square}+\frac{\square}{\square})=\frac{\square}{\square}=\square\frac{\square}{\square}$

개념 다지기

자연수 부분과 진분수 부분으로 나누어 계산해 보세요.

1 $5\frac{2}{7}+4\frac{2}{7}=\square+\frac{\square}{\square}=\square\frac{\square}{\square}$

2 $2\frac{2}{6}+4\frac{3}{6}=\square+\frac{\square}{\square}=\square\frac{\square}{\square}$

3 $1\frac{3}{5}+2\frac{1}{5}=\square+\frac{\square}{\square}=\square\frac{\square}{\square}$

4 $2\frac{1}{4}+7\frac{2}{4}=\square+\frac{\square}{\square}=\square\frac{\square}{\square}$

5 $1\frac{5}{8}+4\frac{1}{8}=\square+\frac{\square}{\square}=\square\frac{\square}{\square}$

6 $6\frac{4}{9}+3\frac{2}{9}=\square+\frac{\square}{\square}=\square\frac{\square}{\square}$

대분수를 가분수로 바꾸어 계산해 보세요.

7 $4\frac{1}{3}+1\frac{1}{3}=\frac{\square}{3}+\frac{\square}{3}$

$=\frac{\square}{3}=\square\frac{\square}{3}$

8 $8\frac{2}{5}+9\frac{2}{5}=\frac{\square}{5}+\frac{\square}{5}$

$=\frac{\square}{5}=\square\frac{\square}{5}$

9 $6\frac{4}{6}+5\frac{1}{6}=\frac{\square}{6}+\frac{\square}{6}$

$=\frac{\square}{6}=\square\frac{\square}{6}$

10 $1\frac{3}{7}+2\frac{3}{7}=\frac{\square}{7}+\frac{\square}{7}$

$=\frac{\square}{7}=\square\frac{\square}{7}$

11 $6\frac{4}{9}+5\frac{4}{9}=\frac{\square}{9}+\frac{\square}{9}$

$=\frac{\square}{9}=\square\frac{\square}{9}$

12 $3\frac{2}{13}+5\frac{2}{13}=\frac{\square}{13}+\frac{\square}{13}$

$=\frac{\square}{13}=\square\frac{\square}{13}$

계산해 보세요.

1 $1\frac{2}{7}+4\frac{3}{7}$

$1\frac{2}{7}+4\frac{3}{7}=$

2 $5\frac{2}{8}+4\frac{3}{8}$

3 $2\frac{2}{8}+4\frac{5}{8}$

4 $5\frac{5}{10}+4\frac{4}{10}$

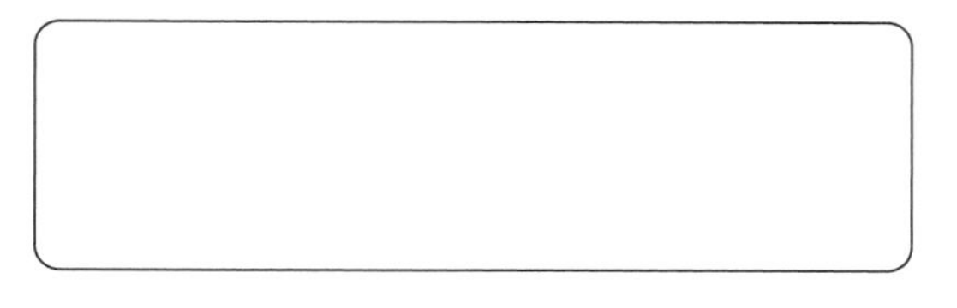

5 $6\frac{5}{16}+4\frac{5}{16}$

6 $6\frac{11}{15}+9\frac{3}{15}$

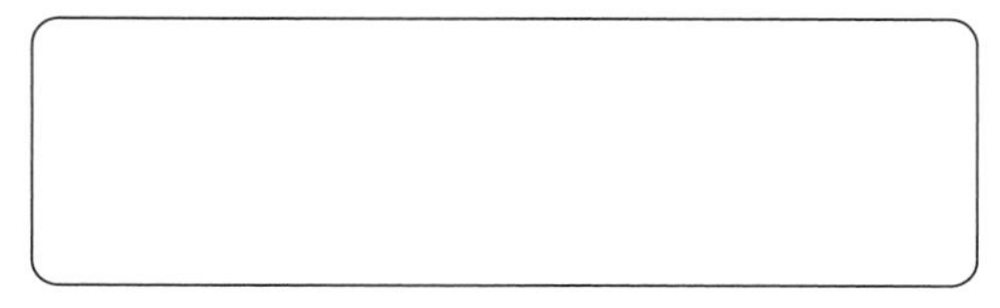

대분수를 가분수로 바꾸어 계산해 보세요.

7 $2\frac{2}{8}+1\frac{3}{8}$

$2\frac{2}{8}+1\frac{3}{8}=\frac{18}{8}+\frac{11}{8}=$

8 $3\frac{3}{8}+4\frac{4}{8}$

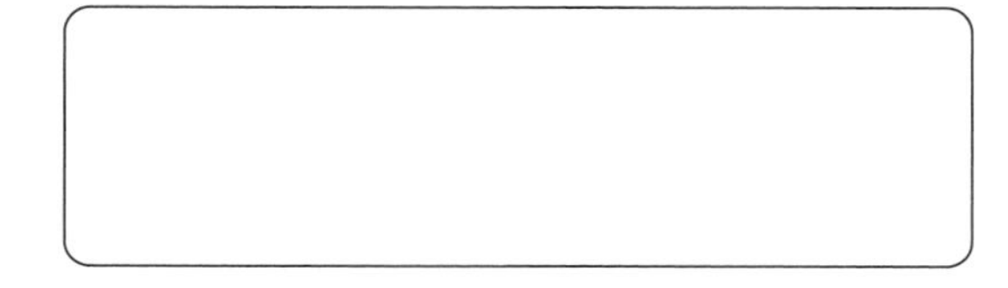

9 $6\frac{1}{4}+3\frac{1}{4}$

10 $2\frac{2}{9}+4\frac{3}{9}$

개념 키우기

문제를 해결해 보세요.

1 서준이의 가방 무게는 $1\frac{2}{5}$ kg, 민준이의 가방 무게는 $1\frac{1}{5}$ kg입니다.

두 사람의 가방 무게는 모두 몇 kg인가요?

식 ______________________ 답 __________ kg

2 김치찌개를 만들기 위해 물이 $3\frac{1}{3}$컵 들어 있는 냄비에 물을 $4\frac{1}{3}$컵 더 넣었습니다.

냄비에 들어 있는 물은 모두 몇 컵인가요?

식 ______________________ 답 __________ 컵

3 머핀을 만드는 방법을 나타낸 것입니다. 물음에 답하세요.

머핀 만들기

① 버터 $39\frac{1}{4}$ g, 설탕 $35\frac{2}{4}$ g, 소금 $5\frac{3}{5}$ g, 달걀 1개를 거품기로 고루 섞는다.

② ①에 밀가루 $75\frac{2}{5}$ g, 베이킹파우더 $1\frac{1}{5}$ g을 넣어 섞는다.

③ ②에 우유 $15\frac{2}{7}$ mL, 오일 $6\frac{2}{7}$ mL를 넣어 섞는다.

④ 머핀 틀에 반죽을 채우고 170 ℃로 예열한 오븐에서 20~25분 동안 굽는다.

(1) 머핀을 만들기 위해 들어가는 버터와 설탕은 모두 몇 g인가요?

식 ______________________ 답 __________ g

(2) 머핀을 만들기 위해 들어가는 밀가루와 베이킹파우더는 모두 몇 g인가요?

식 ______________________ 답 __________ g

(3) 머핀을 만들기 위해 들어가는 우유와 오일은 모두 몇 mL인가요?

식 ______________________ 답 __________ mL

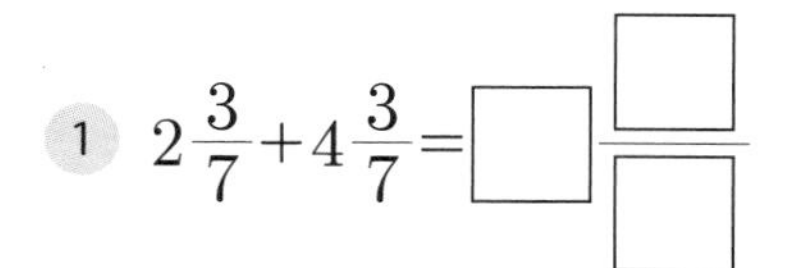

계산해 보세요.

1. $2\frac{3}{7}+4\frac{3}{7}=\square\frac{\square}{\square}$

2. $5\frac{2}{5}+4\frac{1}{5}=\square\frac{\square}{\square}$

3. $5\frac{2}{6}+9\frac{3}{6}=\square\frac{\square}{\square}$

4. $5\frac{2}{8}+4\frac{3}{8}=\square\frac{\square}{\square}$

5. $5\frac{3}{15}+4\frac{1}{15}=\square\frac{\square}{\square}$

6. $1\frac{4}{9}+2\frac{3}{9}=\square\frac{\square}{\square}$

7. $4\frac{1}{6}+4\frac{4}{6}=\square\frac{\square}{\square}$

8. $2\frac{2}{5}+6\frac{2}{5}=\square\frac{\square}{\square}$

9. $1\frac{2}{13}+2\frac{9}{13}=\square\frac{\square}{\square}$

10. $1\frac{7}{11}+2\frac{3}{11}=\square\frac{\square}{\square}$

도전해 보세요

1. 삼각형의 세 변의 길이의 합은 몇 cm인가요?

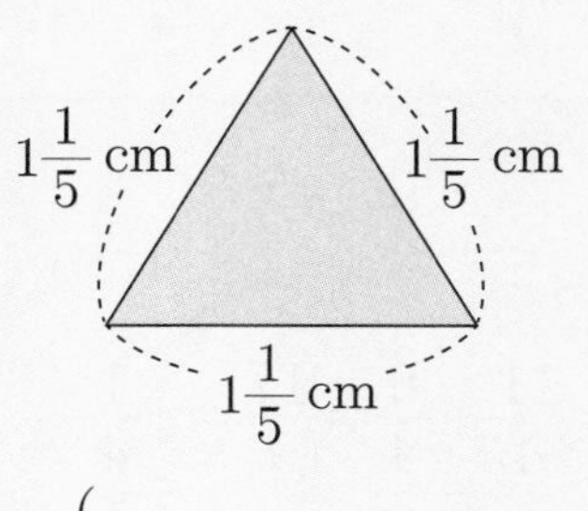

( ) cm

2. ㉠에서 ㉢까지의 거리를 구해 보세요.

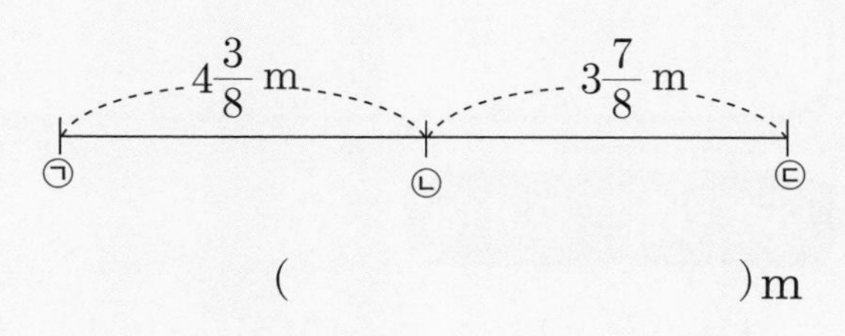

( ) m

진분수의 합이 1보다 크거나 같은

5단계 대분수의 덧셈

개념연결

3-2분수	4-2분수의 덧셈과 뺄셈		4-2분수의 덧셈과 뺄셈
가분수와 대분수의 관계	진분수의 덧셈	대분수의 덧셈	대분수의 뺄셈
$\frac{7}{2}=\boxed{3}\frac{\boxed{1}}{\boxed{2}}$	$\frac{7}{8}+\frac{2}{8}=\frac{9}{8}=\boxed{1}\frac{\boxed{1}}{\boxed{8}}$	$1\frac{4}{6}+1\frac{5}{6}=\boxed{3}\frac{\boxed{3}}{\boxed{6}}$	$3\frac{2}{3}-1\frac{1}{3}=\boxed{2}\frac{\boxed{1}}{\boxed{3}}$

배운 것을 기억해 볼까요?

1 $4\frac{7}{9}=\frac{\square}{9}$

2 $\frac{17}{6}=\square\frac{\square}{6}$

3 $1\frac{2}{5}+2\frac{2}{5}=$

분모가 같은 대분수의 덧셈을 할 수 있어요.

30초 개념 분모가 같은 대분수의 덧셈은 자연수는 자연수끼리, 진분수는 진분수끼리 더해요. 진분수끼리 더한 결과가 가분수이면 대분수로 바꿀 수 있어요.

$2\frac{3}{4}+1\frac{2}{4}$의 계산 방법

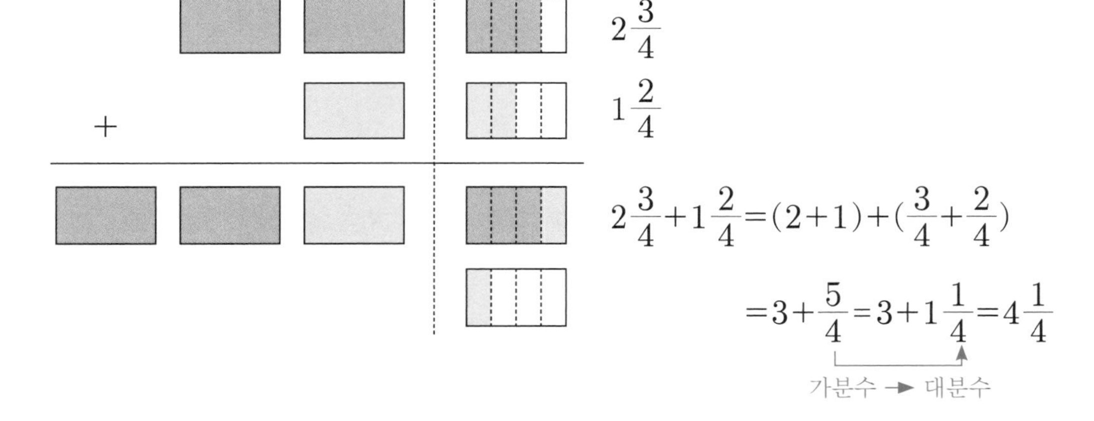

$$2\frac{3}{4}+1\frac{2}{4}=(2+1)+(\frac{3}{4}+\frac{2}{4})$$
$$=3+\frac{5}{4}=3+1\frac{1}{4}=4\frac{1}{4}$$

가분수 → 대분수

이런 방법도 있어요!

대분수를 가분수로 바꾸어 계산할 수 있어요.

$$2\frac{3}{4}+1\frac{2}{4}=\frac{11}{4}+\frac{6}{4}=\frac{17}{4}=4\frac{1}{4}$$

대분수 → 가분수 가분수 → 대분수

□ 안에 알맞은 수를 써넣으세요.

1 $1\frac{3}{5}+3\frac{3}{5}=(1+3)+(\frac{3}{5}+\frac{3}{5})=\boxed{4}+\frac{\boxed{6}}{\boxed{5}}=\boxed{5}\frac{\boxed{1}}{\boxed{5}}$

2 $1\frac{4}{6}+2\frac{5}{6}=\square+\frac{\square}{\square}=\square\frac{\square}{\square}$

3 $3\frac{3}{4}+6\frac{2}{4}=\square+\frac{\square}{\square}=\square\frac{\square}{\square}$

4 $3\frac{4}{5}+2\frac{1}{5}=\square+\frac{\square}{\square}=\square\frac{\square}{\square}$

5 $2\frac{7}{9}+2\frac{4}{9}=\square+\frac{\square}{\square}=\square\frac{\square}{\square}$

6 $3\frac{4}{7}+5\frac{6}{7}=\square+\frac{\square}{\square}=\square\frac{\square}{\square}$

7 $1\frac{4}{5}+4\frac{3}{5}=\square+\frac{\square}{\square}=\square\frac{\square}{\square}$

8 $4\frac{6}{8}+5\frac{3}{8}=\square+\frac{\square}{\square}=\square\frac{\square}{\square}$

9 $3\frac{6}{9}+1\frac{8}{9}=\square+\frac{\square}{\square}=\square\frac{\square}{\square}$

개념 다지기

 □ 안에 알맞은 수를 써넣으세요.

1. $5\frac{5}{7}+4\frac{3}{7}=\square+\frac{\square}{\square}=\square\frac{\square}{\square}$

2. $2\frac{2}{6}+6\frac{5}{6}=\square+\frac{\square}{\square}=\square\frac{\square}{\square}$

3. $8\frac{3}{5}+1\frac{4}{5}=\square+\frac{\square}{\square}=\square\frac{\square}{\square}$

4. $1\frac{5}{7}+2\frac{5}{7}=\square+\frac{\square}{\square}=\square\frac{\square}{\square}$

5. $2\frac{2}{4}+7\frac{3}{4}=\square+\frac{\square}{\square}=\square\frac{\square}{\square}$

6. $3\frac{5}{6}+4\frac{3}{6}=\square+\frac{\square}{\square}=\square\frac{\square}{\square}$

7. $25\div6=\square\cdots\square$

8. $5\frac{6}{7}+1\frac{6}{7}=\square+\frac{\square}{\square}=\square\frac{\square}{\square}$

9. $5\frac{8}{9}+3\frac{8}{9}=\square+\frac{\square}{\square}=\square\frac{\square}{\square}$

10. $3\frac{2}{3}+5\frac{2}{3}=\square+\frac{\square}{\square}=\square\frac{\square}{\square}$

11. $\frac{22}{7}=\square\frac{\square}{7}$

12. $7\frac{5}{8}+5\frac{4}{8}=\square+\frac{\square}{\square}=\square\frac{\square}{\square}$

계산해 보세요.

1 $1\frac{5}{7}+4\frac{3}{7}$

$1\frac{5}{7}+4\frac{3}{7}=$

2 $5\frac{5}{8}+4\frac{5}{8}$

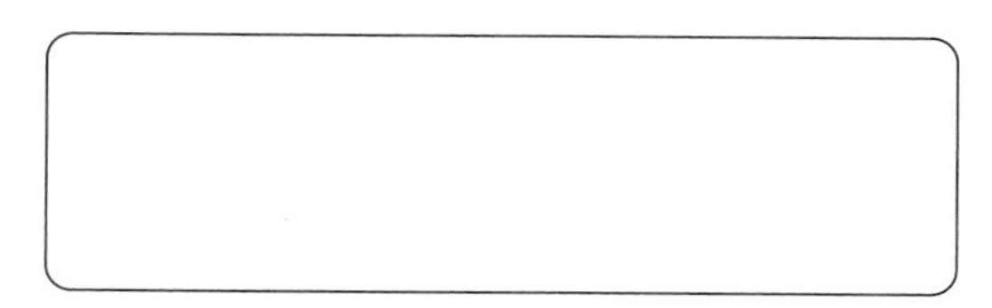

3 $6\frac{2}{3}+3\frac{2}{3}$

4 $4\frac{2}{4}+4\frac{3}{4}$

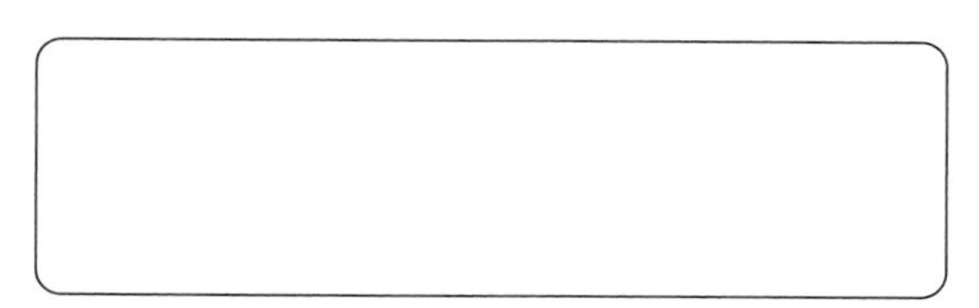

5 $6\frac{4}{6}+4\frac{4}{6}$

6 $5\frac{9}{10}+4\frac{4}{10}$

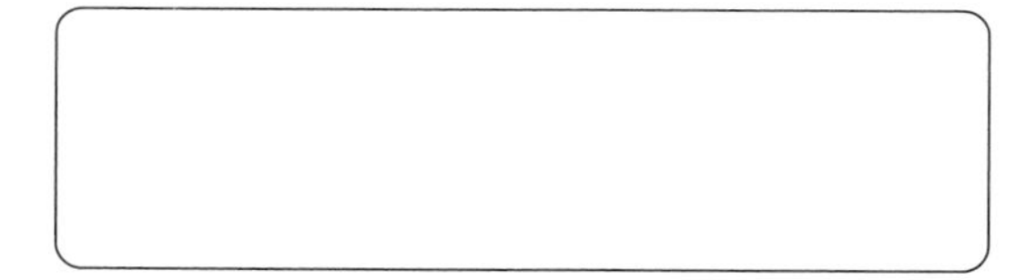

7 $2\frac{8}{9}+4\frac{8}{9}$

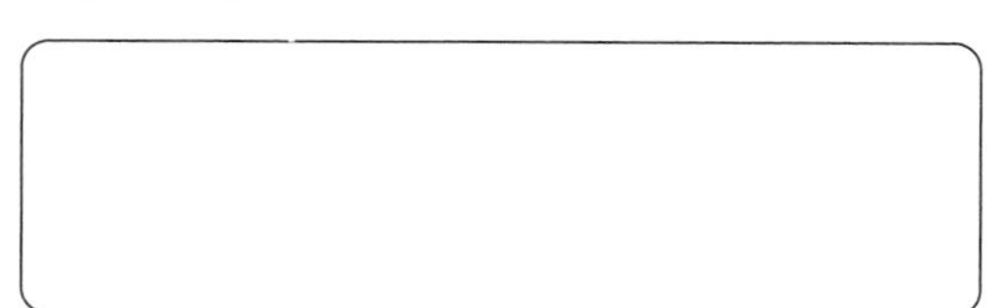

8 $6\frac{11}{15}+9\frac{13}{15}$

9 $6\frac{11}{14}+3\frac{7}{14}$

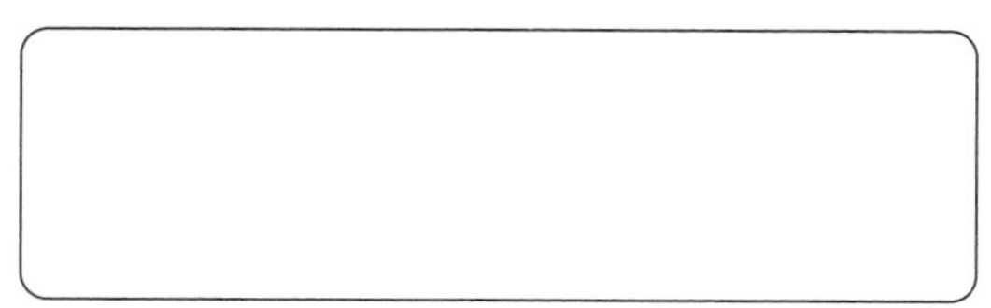

10 $2\frac{7}{10}+4\frac{9}{10}$

 문제를 해결해 보세요.

1 물이 $4\frac{3}{5}$ L 들어 있는 물통에 $6\frac{4}{5}$ L의 물을 더 부었습니다.
물통에 들어 있는 물은 모두 몇 L인가요?

식__________ 답__________ L

2 서준이네 집에서 공원까지 거리는 $1\frac{5}{7}$ km, 공원에서 학교까지의 거리는 $2\frac{4}{7}$ km입니다. 서준이네 집에서 공원을 거쳐 학교까지 가는 거리는 몇 km인가요?

식__________ 답__________ km

3 장대높이뛰기 경기에서 ㉮ 선수의 기록은 $4\frac{3}{5}$ m이고,
㉯ 선수의 기록은 ㉮ 선수의 기록보다 $1\frac{1}{5}$ m 높으며,
㉰ 선수의 기록은 ㉯ 선수의 기록보다 $1\frac{4}{5}$ m 높습니다.
물음에 답하세요.

(1) ㉯ 선수의 기록은 몇 m인가요?

식__________ 답__________ m

(2) ㉰ 선수의 기록은 몇 m인가요?

식__________ 답__________ m

계산해 보세요.

1 $2\frac{4}{7}+4\frac{4}{7}=\square+\frac{\square}{\square}=\square\frac{\square}{\square}$

2 $5\frac{2}{5}+4\frac{3}{5}=\square+\frac{\square}{\square}=\square\frac{\square}{\square}$

3 $1\frac{2}{3}+2\frac{2}{3}=\square+\frac{\square}{\square}=\square\frac{\square}{\square}$

4 $5\frac{5}{6}+9\frac{4}{6}=\square+\frac{\square}{\square}=\square\frac{\square}{\square}$

5 $5\frac{12}{17}+3\frac{13}{17}=\square+\frac{\square}{\square}=\square\frac{\square}{\square}$

6 $5\frac{3}{6}+5\frac{4}{6}=\square+\frac{\square}{\square}=\square\frac{\square}{\square}$

7 $1\frac{14}{19}+2\frac{13}{19}=\square+\frac{\square}{\square}=\square\frac{\square}{\square}$

8 $4\frac{11}{16}+3\frac{14}{16}=\square+\frac{\square}{\square}=\square\frac{\square}{\square}$

도전해 보세요

1 정사각형의 네 변의 길이의 합은 몇 cm 인가요?

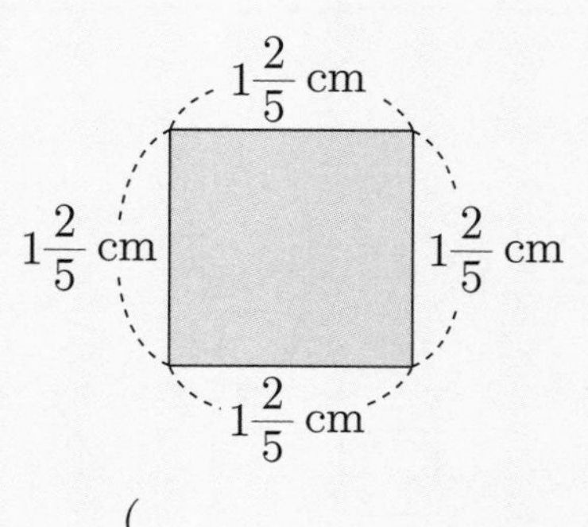

( ) cm

2 계산해 보세요.

(1) $\frac{3}{4}-\frac{1}{4}=$

(2) $\frac{4}{5}-\frac{3}{5}=$

6단계 진분수의 뺄셈

개념연결

3-2분수	4-2분수의 덧셈과 뺄셈		4-2분수의 덧셈과 뺄셈
단위분수	진분수의 덧셈	진분수의 뺄셈	1-(진분수)
$\frac{4}{5}$는 $\frac{1}{5}$이 4개	$\frac{1}{5}+\frac{2}{5}=\frac{3}{5}$	$\frac{3}{6}-\frac{1}{6}=\frac{2}{6}$	$1-\frac{3}{6}=\frac{3}{6}$

배운 것을 기억해 볼까요?

1 $\frac{5}{6}$는 $\frac{1}{6}$이 □개입니다.

2 $\frac{2}{6}+\frac{3}{6}=$

분모가 같은 진분수의 뺄셈을 할 수 있어요.

30초 개념 분모가 같은 진분수의 뺄셈은 단위분수의 개수를 빼요.

$\frac{3}{4}-\frac{2}{4}$의 계산 방법

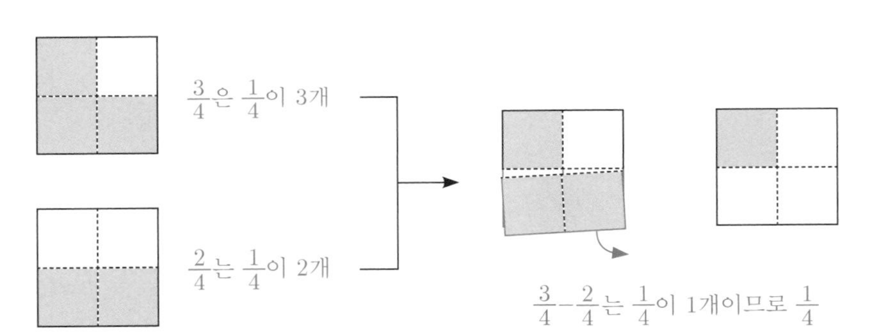

이런 방법도 있어요!

분모가 같은 진분수의 뺄셈은 분모는 그대로 두고 분자끼리 빼요.

분자끼리 빼요.

$$\frac{3}{4}-\frac{2}{4}=\frac{3-2}{4}=\frac{1}{4}$$

분모는 그대로!

□ 안에 알맞은 수를 써넣으세요.

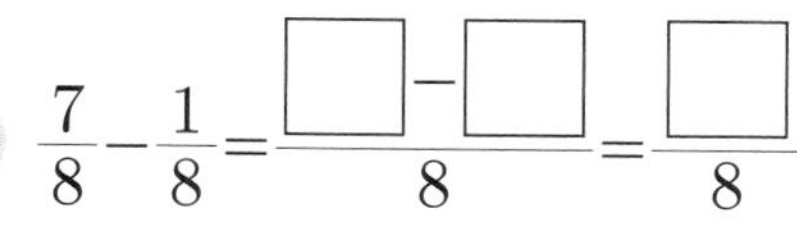

1 $\frac{5}{6}-\frac{3}{6}=\frac{\boxed{5}-\boxed{3}}{6}=\frac{\boxed{2}}{6}$

2 $\frac{7}{8}-\frac{1}{8}=\frac{\square-\square}{8}=\frac{\square}{8}$

3 $\frac{5}{9}-\frac{3}{9}=\frac{\square-\square}{9}=\frac{\square}{9}$

4 $\frac{7}{11}-\frac{1}{11}=\frac{\square-\square}{11}=\frac{\square}{11}$

5 $\frac{2}{3}-\frac{1}{3}=\frac{\square-\square}{3}=\frac{\square}{3}$

6 $\frac{4}{5}-\frac{3}{5}=\frac{\square-\square}{5}=\frac{\square}{5}$

7 $\frac{9}{10}-\frac{4}{10}=\frac{\square-\square}{10}=\frac{\square}{10}$

8 $\frac{5}{6}-\frac{2}{6}=\frac{\square-\square}{6}=\frac{\square}{6}$

9 $\frac{5}{8}-\frac{1}{8}=\frac{\square-\square}{8}=\frac{\square}{8}$

10 $\frac{11}{13}-\frac{1}{13}=\frac{\square-\square}{13}=\frac{\square}{13}$

덤

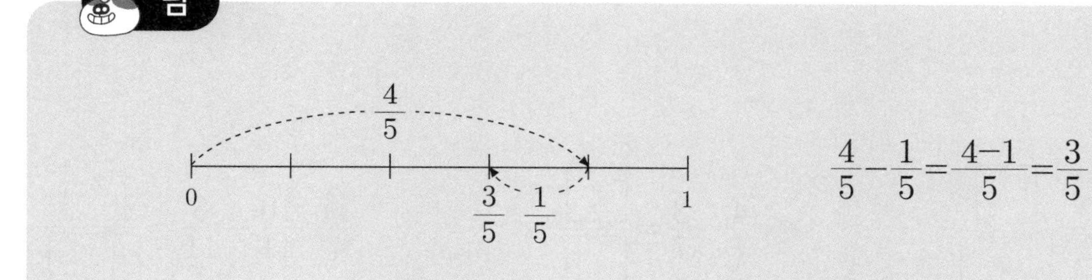

$\frac{4}{5}-\frac{1}{5}=\frac{4-1}{5}=\frac{3}{5}$

개념 다지기

계산해 보세요.

1 $\frac{5}{7}-\frac{3}{7}=\frac{\square}{\square}$

2 $\frac{11}{15}-\frac{9}{15}=\frac{\square}{\square}$

3 $\frac{4}{6}-\frac{3}{6}=\frac{\square}{\square}$

4 $\frac{8}{9}-\frac{7}{9}=\frac{\square}{\square}$

5 $\frac{10}{13}-\frac{3}{13}=\frac{\square}{\square}$

6 $\frac{4}{5}-\frac{2}{5}=\frac{\square}{\square}$

7 $\frac{5}{10}-\frac{1}{10}=\frac{\square}{\square}$

8 $\frac{7}{8}-\frac{4}{8}=\frac{\square}{\square}$

9 $\frac{3}{4}-\frac{1}{4}=\frac{\square}{\square}$

10 $\frac{12}{14}-\frac{5}{14}=\frac{\square}{\square}$

11 $72\div8=\square$

12 $\frac{11}{19}-\frac{8}{19}=\frac{\square}{\square}$

13 $\frac{2}{4}+\frac{1}{4}=\frac{\square}{\square}$

14 $\frac{5}{9}-\frac{4}{9}=\frac{\square}{\square}$

15 $\frac{10}{17}-\frac{3}{17}=\frac{\square}{\square}$

16 $\frac{9}{12}-\frac{5}{12}=\frac{\square}{\square}$

17 $\frac{4}{7}-\frac{3}{7}=\frac{\square}{\square}$

18 $\frac{10}{11}-\frac{6}{11}=\frac{\square}{\square}$

계산해 보세요.

1 $\frac{2}{3}-\frac{1}{3}$

$\frac{2}{3}-\frac{1}{3}=$

2 $\frac{4}{9}-\frac{3}{9}$

3 $\frac{11}{12}-\frac{3}{12}$

4 $\frac{9}{10}-\frac{1}{10}$

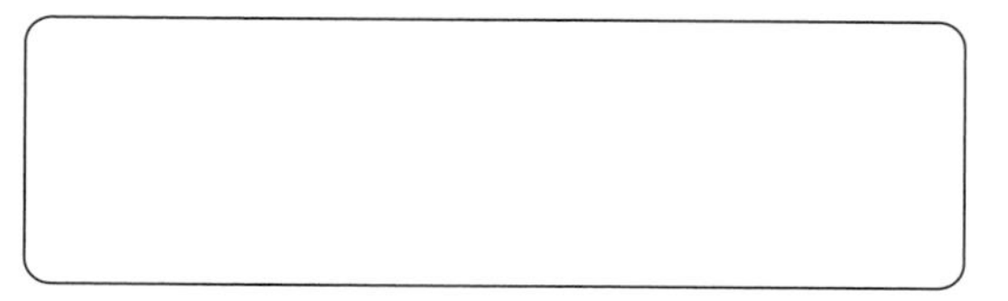

5 $\frac{10}{13}-\frac{2}{13}$

6 $\frac{10}{12}-\frac{6}{12}$

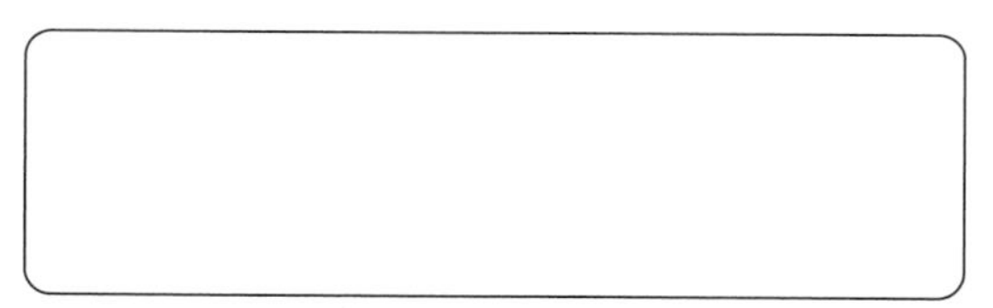

7 $\frac{14}{16}-\frac{1}{16}$

8 $\frac{12}{13}-\frac{7}{13}$

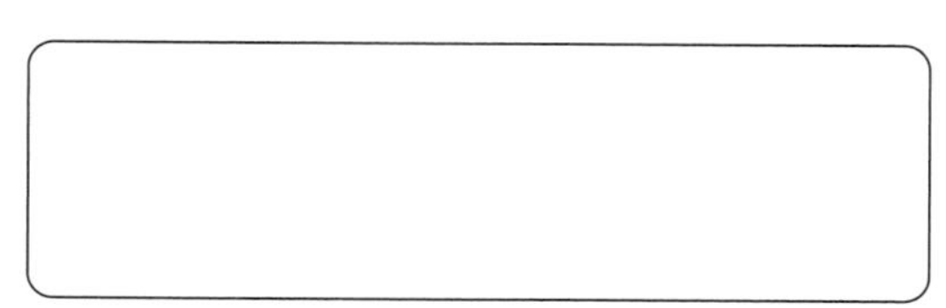

9 $\frac{15}{17}-\frac{13}{17}$

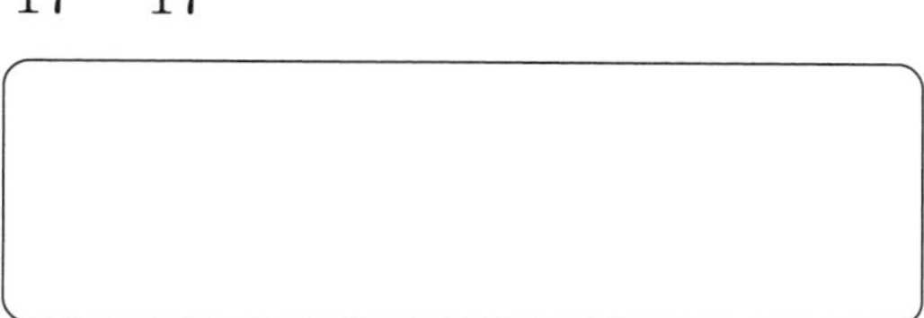

10 $\frac{14}{19}-\frac{6}{19}$

문제를 해결해 보세요.

1 냉장고에 주스가 $\frac{9}{10}$ L 있었습니다. 서준이가 $\frac{6}{10}$ L를 마셨으면 남은 주스는 몇 L인가요?

식 ______________________ 답 ____________ L

2 페인트 $\frac{5}{6}$ L 중 얼마를 사용하여 벽을 칠했더니 $\frac{2}{6}$ L가 남았습니다. 벽을 칠하는 데 쓴 페인트는 몇 L인가요?

식 ______________________ 답 ____________ L

3 리본 $\frac{9}{10}$ m로 태형이와 민서에게 줄 선물을 포장하였습니다. 물음에 답하세요.

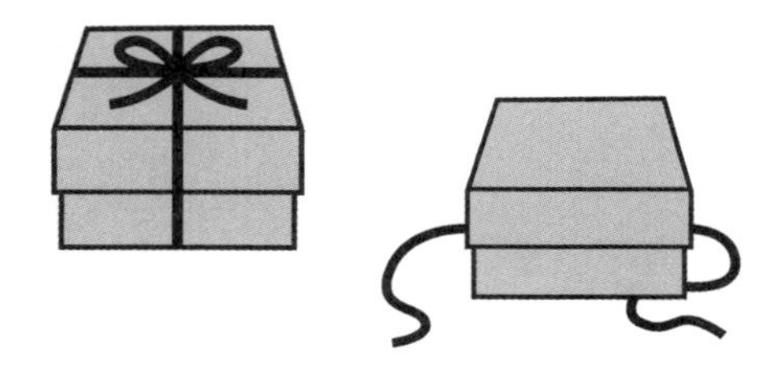

(1) 태형이의 선물을 포장하고 남은 리본의 길이가 $\frac{6}{10}$ m일 때 사용한 리본은 몇 m인가요?

식 ______________________ 답 ____________ m

(2) 민서의 선물에는 태형이의 선물에 사용한 리본보다 $\frac{1}{10}$ m를 더 사용하였습니다. 민서의 선물을 포장하기 위해 사용한 리본은 몇 m인가요?

식 ______________________ 답 ____________ m

(3) 태형이와 민서에게 줄 선물을 포장하고 남은 리본은 몇 m인가요?

식 ______________________ 답 ____________ m

개념 다시보기

계산해 보세요.

1 $\frac{3}{4}-\frac{1}{4}=\frac{\square}{\square}$

2 $\frac{7}{8}-\frac{3}{8}=\frac{\square}{\square}$

3 $\frac{6}{9}-\frac{3}{9}=\frac{\square}{\square}$

4 $\frac{8}{10}-\frac{3}{10}=\frac{\square}{\square}$

5 $\frac{11}{14}-\frac{3}{14}=\frac{\square}{\square}$

6 $\frac{9}{10}-\frac{6}{10}=\frac{\square}{\square}$

7 $\frac{4}{5}-\frac{3}{5}=\frac{\square}{\square}$

8 $\frac{5}{6}-\frac{2}{6}=\frac{\square}{\square}$

9 $\frac{5}{7}-\frac{3}{7}=\frac{\square}{\square}$

10 $\frac{12}{13}-\frac{9}{13}=\frac{\square}{\square}$

11 $\frac{10}{16}-\frac{7}{16}=\frac{\square}{\square}$

12 $\frac{11}{17}-\frac{9}{17}=\frac{\square}{\square}$

도전해 보세요

1 계산 결과를 비교하여 ◯ 안에 >, =, < 를 알맞게 써넣으세요.

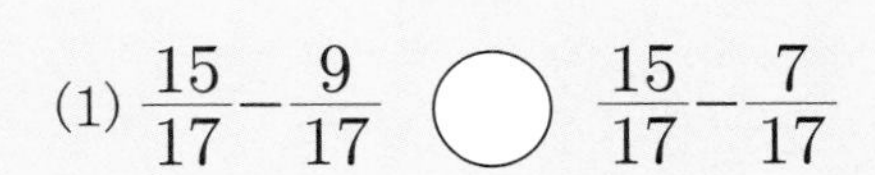

(1) $\frac{15}{17}-\frac{9}{17}$ ◯ $\frac{15}{17}-\frac{7}{17}$

(2) $\frac{10}{11}-\frac{9}{11}$ ◯ $\frac{10}{13}-\frac{9}{13}$

2 빈 곳에 알맞은 수를 써넣으세요.

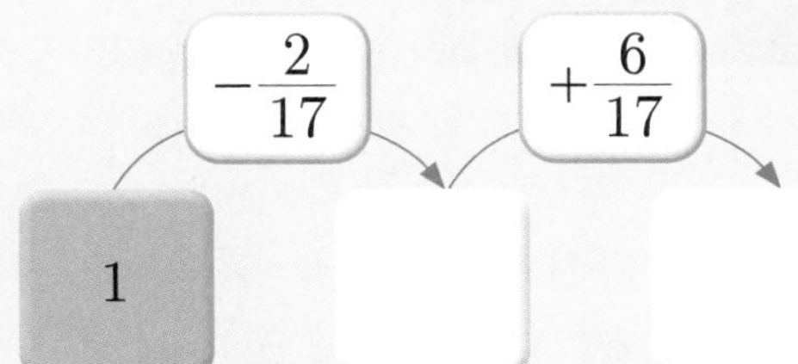

7단계 1 - (진분수)

개념연결

3-2분수	4-2분수의 덧셈과 뺄셈		4-2소수의 덧셈과 뺄셈
여러 가지 분수	진분수의 뺄셈	1-(진분수)	소수의 뺄셈
$1=\frac{\boxed{4}}{4}$, $1=\frac{\boxed{10}}{10}$	$\frac{6}{8}-\frac{5}{8}=\frac{\boxed{1}}{8}$	$1-\frac{2}{5}=\frac{\boxed{3}}{\boxed{5}}$	$0.7-0.3=\boxed{0.4}$

배운 것을 기억해 볼까요?

1 1과 크기가 같은 분수를 찾아 ◯표 하세요.

$$\frac{5}{6},\quad \frac{4}{4},\quad 1\frac{1}{7},\quad \frac{2}{2},\quad \frac{8}{9},\quad \frac{3}{3},\quad \frac{17}{15},\quad \frac{13}{13}$$

1-(진분수)의 계산을 할 수 있어요.

30초 개념 자연수 1을 가분수로 바꾸어 계산해요.

$1-\frac{2}{5}$의 계산 방법

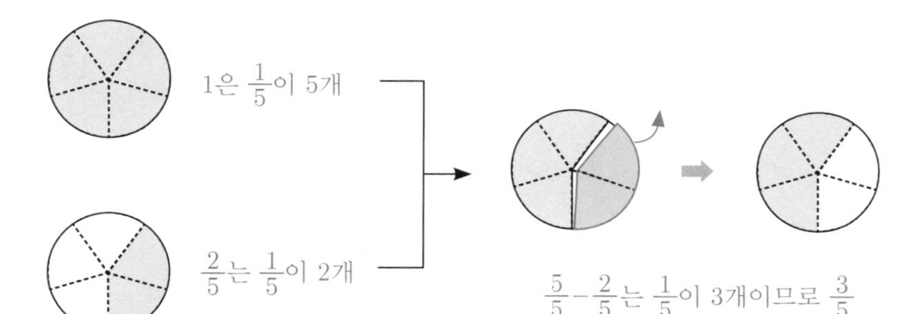

이런 방법도 있어요!

1−(진분수)의 계산은
1을 빼는 수인 진분수와
분모가 같은 가분수로 바꾸어 빼요.

$$1-\frac{2}{5}=\frac{5}{5}-\frac{2}{5}=\frac{3}{5}$$

1을 가분수로 바꿔요.

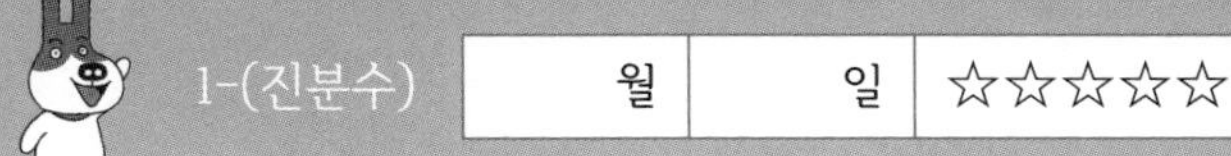

개념 익히기

□ 안에 알맞은 수를 써넣으세요.

1. $1-\frac{3}{4}=\frac{\boxed{4}}{4}-\frac{\boxed{3}}{4}=\frac{\boxed{4}-\boxed{3}}{4}=\frac{\boxed{1}}{4}$

2. $1-\frac{2}{7}=\frac{\square}{\square}-\frac{2}{7}=\frac{\square}{\square}$

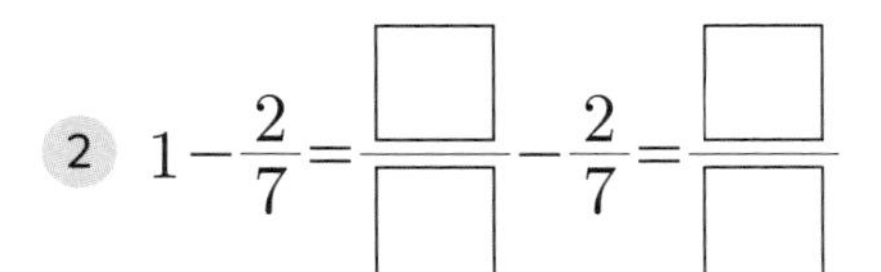

3. $1-\frac{1}{6}=\frac{\square}{\square}-\frac{\square}{\square}=\frac{\square}{\square}$

4. $1-\frac{1}{4}=\frac{\square}{\square}-\frac{\square}{\square}=\frac{\square}{\square}$

5. $1-\frac{1}{5}=\frac{\square}{\square}-\frac{\square}{\square}=\frac{\square}{\square}$

6. $1-\frac{4}{9}=\frac{\square}{\square}-\frac{\square}{\square}=\frac{\square}{\square}$

7. $1-\frac{1}{7}=\frac{\square}{\square}-\frac{\square}{\square}=\frac{\square}{\square}$

8. $1-\frac{2}{8}=\frac{\square}{\square}-\frac{\square}{\square}=\frac{\square}{\square}$

9. $1-\frac{4}{5}=\frac{\square}{\square}-\frac{\square}{\square}=\frac{\square}{\square}$

10. $1-\frac{4}{6}=\frac{\square}{\square}-\frac{\square}{\square}=\frac{\square}{\square}$

11. $1-\frac{8}{9}=\frac{\square}{\square}-\frac{\square}{\square}=\frac{\square}{\square}$

12. $1-\frac{7}{8}=\frac{\square}{\square}-\frac{\square}{\square}=\frac{\square}{\square}$

개념 다지기

 □ 안에 알맞은 수를 써넣으세요.

1. $1-\frac{3}{7}=\frac{\square-3}{7}=\frac{\square}{\square}$

2. $1-\frac{3}{6}=\frac{\square-3}{6}=\frac{\square}{\square}$

3. $1-\frac{3}{5}=\frac{\square-\square}{5}=\frac{\square}{\square}$

4. $1-\frac{2}{7}=\frac{\square-\square}{7}=\frac{\square}{\square}$

5. $1-\frac{1}{4}=\frac{\square-\square}{4}=\frac{\square}{\square}$

6. $1-\frac{4}{9}=\frac{\square-\square}{9}=\frac{\square}{\square}$

7. $1-\frac{1}{5}=\frac{\square-\square}{5}=\frac{\square}{\square}$

8. $1=\frac{\square}{20}$

9. $1-\frac{1}{12}=\frac{\square-\square}{12}=\frac{\square}{\square}$

10. $1-\frac{1}{15}=\frac{\square-\square}{15}=\frac{\square}{\square}$

11. $\frac{8}{6}$ ◯ $1\frac{3}{6}$

12. $1-\frac{6}{17}=\frac{\square-\square}{17}=\frac{\square}{\square}$

계산해 보세요.

1 $1-\frac{3}{8}$

$1-\frac{3}{8}=$

2 $1-\frac{5}{6}$

3 $1-\frac{4}{10}$

4 $1-\frac{3}{11}$

5 $1-\frac{3}{13}$

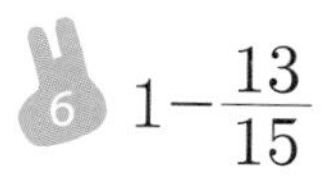
6 $1-\frac{13}{15}$

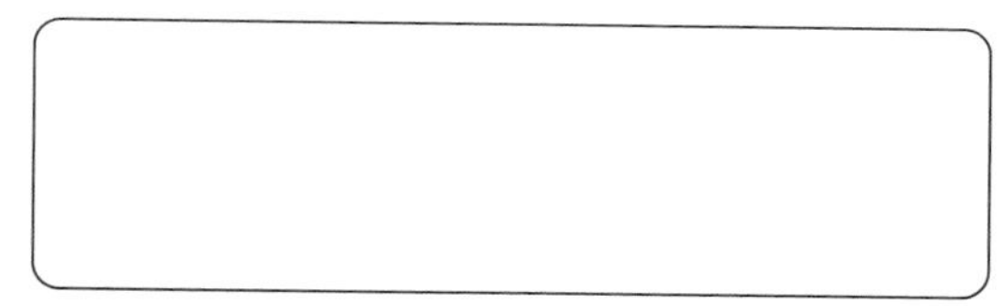

7 $1-\frac{5}{9}$

8 $1-\frac{7}{12}$

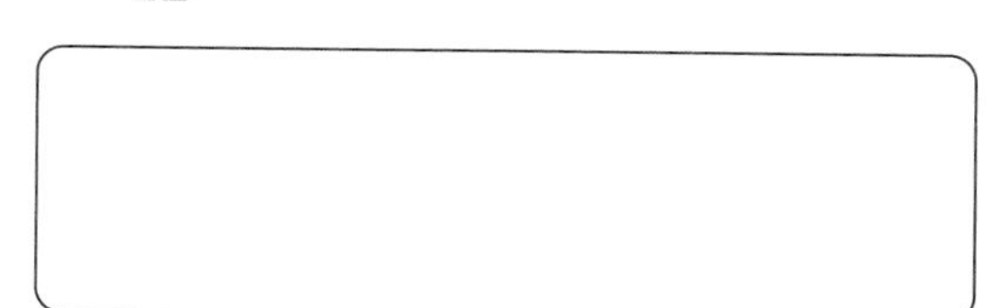

9 $1-\frac{3}{4}$

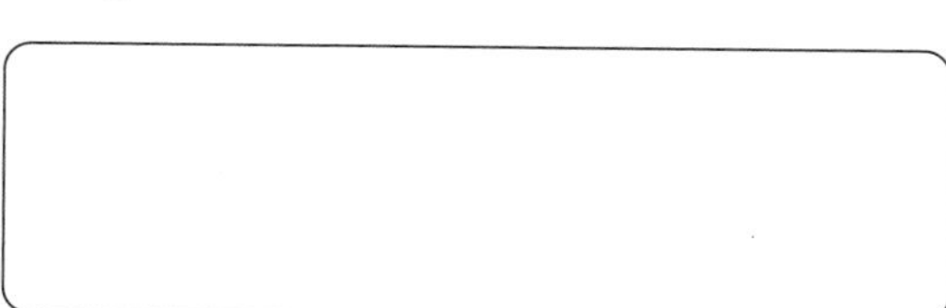

10 $1-\frac{1}{10}$

개념 키우기

문제를 해결해 보세요.

1 초콜릿이 한 개 있었습니다. 그중 $\frac{7}{8}$만큼을 먹었으면, 남은 초콜릿은 전체의 얼마인가요?

식 ______________________ 답 ______________

2 실 1 m 중 얼마를 사용하여 바지를 꿰매었더니 $\frac{5}{7}$ m가 남았습니다.

바지를 꿰매는 데 사용한 실은 몇 m인가요?

식 ______________________ 답 ______________ m

3 서준이와 태형이가 케이크를 먹었습니다. 서준이는 전체의 $\frac{1}{4}$, 태형이는 전체의 $\frac{2}{4}$를 먹었을 때 물음에 답하세요.

(1) 서준이와 태형이가 먹은 케이크는 전체의 얼마인가요?

식 ______________________ 답 ______________

(2) 서준이와 태형이가 먹고 남은 케이크는 전체의 얼마인가요?

식 ______________________ 답 ______________

개념 다시보기

□ 안에 알맞은 수를 써넣으세요.

1. $1-\frac{3}{7}=\frac{\square-\square}{7}=\frac{\square}{\square}$

2. $1-\frac{3}{5}=\frac{\square-\square}{5}=\frac{\square}{\square}$

3. $1-\frac{2}{3}=\frac{\square-\square}{3}=\frac{\square}{\square}$

4. $1-\frac{3}{6}=\frac{\square-\square}{6}=\frac{\square}{\square}$

5. $1-\frac{6}{9}=\frac{\square-\square}{9}=\frac{\square}{\square}$

6. $1-\frac{4}{6}=\frac{\square-\square}{6}=\frac{\square}{\square}$

7. $1-\frac{13}{15}=\frac{\square-\square}{15}=\frac{\square}{\square}$

8. $1-\frac{13}{16}=\frac{\square-\square}{16}=\frac{\square}{\square}$

도전해 보세요

1. 어느 동물의 계산 결과가 가장 큰가요?

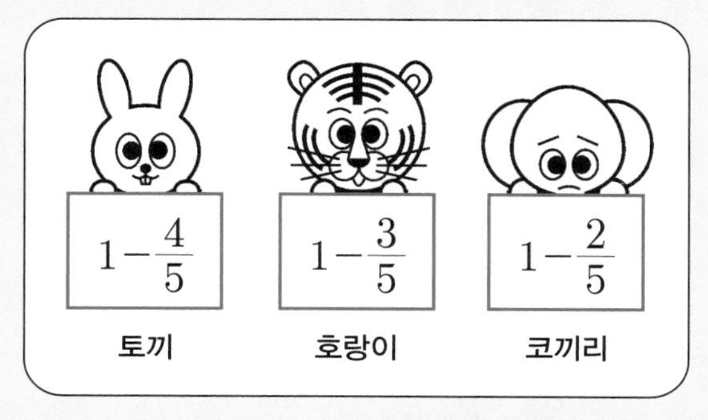

(　　　　　　　　　　)

2. 계산해 보세요.

(1) $2\frac{3}{5}-1\frac{1}{5}=$

(2) $4\frac{6}{7}-4\frac{1}{7}=$

8단계 대분수의 뺄셈

개념연결

4-2분수의 덧셈과 뺄셈	4-2분수의 덧셈과 뺄셈		4-2분수의 덧셈과 뺄셈
진분수의 덧셈	진분수의 뺄셈	대분수의 뺄셈	(자연수)-(대분수)
$\frac{2}{4}+\frac{1}{4}=\frac{\boxed{3}}{4}$	$\frac{2}{6}-\frac{1}{6}=\frac{\boxed{1}}{6}$	$2\frac{4}{6}-1\frac{2}{6}=\boxed{1}\frac{\boxed{2}}{\boxed{6}}$	$4-2\frac{2}{5}=\boxed{1}\frac{\boxed{3}}{\boxed{5}}$

배운 것을 기억해 볼까요?

1 $\frac{2}{6}+\frac{3}{6}=$

2 $\frac{7}{8}+\frac{3}{8}=$

3 $\frac{8}{9}+\frac{5}{9}=$

분모가 같은 대분수의 뺄셈을 할 수 있어요.

30초 개념 분모가 같은 대분수의 뺄셈은 자연수는 자연수끼리, 진분수는 진분수끼리 빼요.

$2\frac{3}{5}-1\frac{1}{5}$의 계산 방법

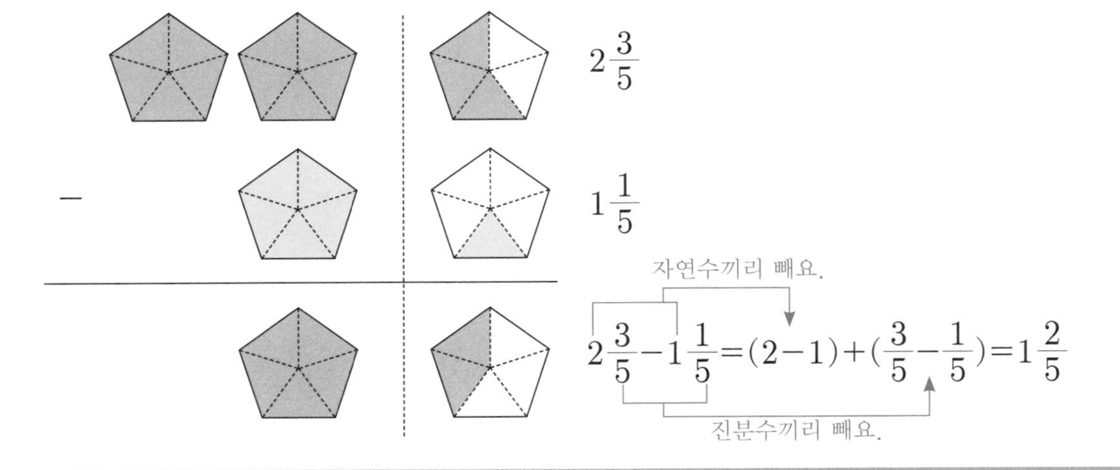

이런 방법도 있어요!

대분수를 가분수로 바꾸어 계산할 수 있어요.

$$2\frac{3}{5}-1\frac{1}{5}=\frac{13}{5}-\frac{6}{5}=\frac{7}{5}=1\frac{2}{5}$$

대분수 → 가분수 가분수 → 대분수

□ 안에 알맞은 수를 써넣으세요.

1. $3\frac{2}{5}-1\frac{1}{5}=(\boxed{3}-\boxed{1})+(\frac{\boxed{2}}{\boxed{5}}-\frac{\boxed{1}}{\boxed{5}})=\boxed{2}+\frac{\boxed{1}}{\boxed{5}}=\boxed{2}\frac{\boxed{1}}{\boxed{5}}$

2. $5\frac{5}{6}-2\frac{1}{6}=(\square-\square)+(\frac{\square}{\square}-\frac{\square}{\square})=\square+\frac{\square}{\square}=\square\frac{\square}{\square}$

3. $4\frac{4}{7}-1\frac{2}{7}=(\square-\square)+(\frac{\square}{\square}-\frac{\square}{\square})=\square+\frac{\square}{\square}=\square\frac{\square}{\square}$

4. $8\frac{4}{8}-6\frac{3}{8}=(\square-\square)+(\frac{\square}{\square}-\frac{\square}{\square})=\square+\frac{\square}{\square}=\square\frac{\square}{\square}$

5. $2\frac{8}{9}-1\frac{4}{9}=(\square-\square)+(\frac{\square}{\square}-\frac{\square}{\square})=\square+\frac{\square}{\square}=\square\frac{\square}{\square}$

6. $4\frac{6}{10}-2\frac{1}{10}=(\square-\square)+(\frac{\square}{\square}-\frac{\square}{\square})=\square+\frac{\square}{\square}=\square\frac{\square}{\square}$

개념 다지기

자연수 부분과 진분수 부분으로 나누어 계산해 보세요.

1 $7\frac{3}{4}-4\frac{2}{4}=\square+\frac{\square}{\square}=\square\frac{\square}{\square}$

2 $9\frac{4}{5}-8\frac{3}{5}=\square+\frac{\square}{\square}=\square\frac{\square}{\square}$

3 $2\frac{4}{6}-1\frac{3}{6}=\square+\frac{\square}{\square}=\square\frac{\square}{\square}$

4 $8\frac{3}{6}-5\frac{1}{6}=\square+\frac{\square}{\square}=\square\frac{\square}{\square}$

5 $5\frac{5}{7}-3\frac{3}{7}=\square+\frac{\square}{\square}=\square\frac{\square}{\square}$

6 $9\frac{6}{9}-4\frac{3}{9}=\square+\frac{\square}{\square}=\square\frac{\square}{\square}$

대분수를 가분수로 바꾸어 계산해 보세요.

7 $4\frac{2}{3}-3\frac{1}{3}=\frac{\square}{3}-\frac{\square}{3}$
$=\frac{\square}{3}=\square\frac{\square}{3}$

8 $4\frac{3}{5}-3\frac{1}{5}=\frac{\square}{5}-\frac{\square}{5}$
$=\frac{\square}{5}=\square\frac{\square}{5}$

9 $6\frac{5}{6}-4\frac{1}{6}=\frac{\square}{6}-\frac{\square}{6}$
$=\frac{\square}{6}=\square\frac{\square}{6}$

10 $9\frac{7}{8}-4\frac{2}{8}=\frac{\square}{8}-\frac{\square}{8}$
$=\frac{\square}{8}=\square\frac{\square}{8}$

11 $5\frac{2}{3}-4\frac{1}{3}=\frac{\square}{3}-\frac{\square}{3}$
$=\frac{\square}{3}=\square\frac{\square}{3}$

12 $9\frac{9}{10}-6\frac{4}{10}=\frac{\square}{10}-\frac{\square}{10}$
$=\frac{\square}{10}=\square\frac{\square}{10}$

계산해 보세요.

① $6\frac{2}{4}-4\frac{1}{4}$

$6\frac{2}{4}-4\frac{1}{4}=$

② $6\frac{5}{6}-2\frac{1}{6}$

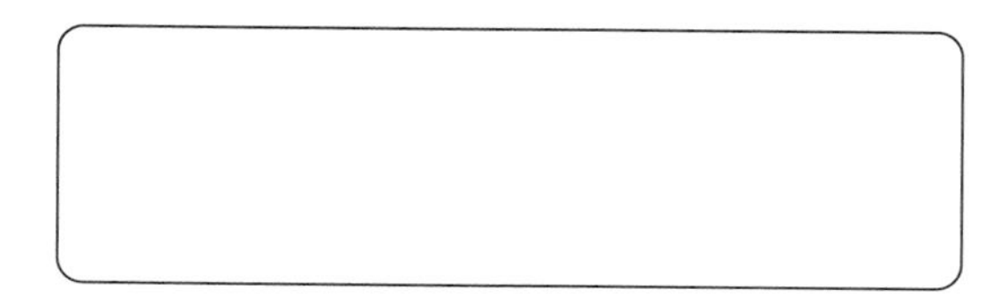

③ $3\frac{5}{7}-1\frac{3}{7}$

④ $4\frac{7}{8}-2\frac{3}{8}$

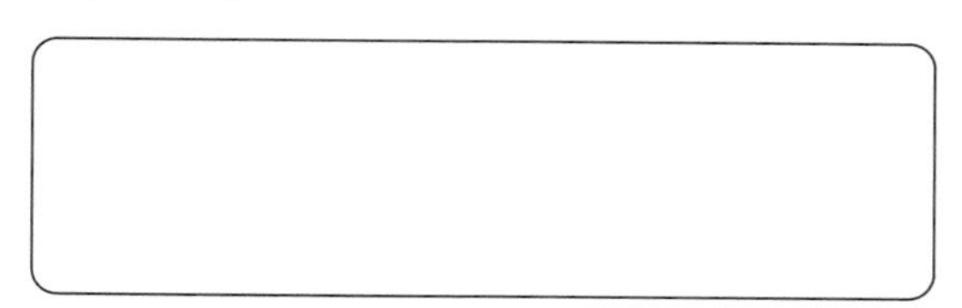

⑤ $5\frac{7}{9}-3\frac{3}{9}$

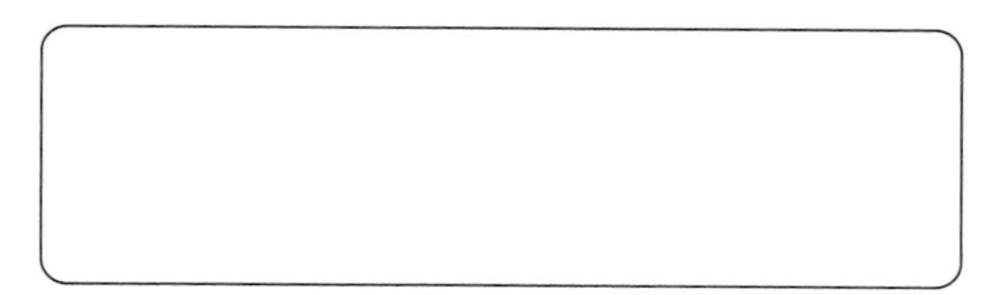

⑥ $5\frac{8}{10}-4\frac{4}{10}$

⑦ $5\frac{10}{11}-4\frac{3}{11}$

⑧ $2\frac{11}{13}-1\frac{3}{13}$

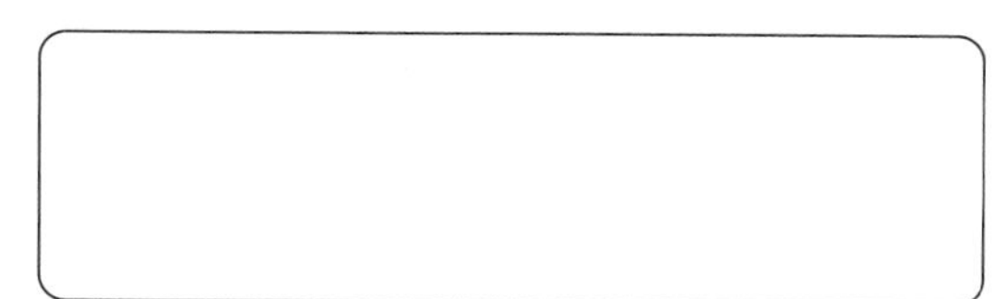

⑨ $6\frac{13}{15}-5\frac{10}{15}$

⑩ $8\frac{9}{16}-2\frac{7}{16}$

개념 키우기

문제를 해결해 보세요.

1 서준이 집에서 학교까지 거리는 $1\frac{5}{12}$ km이고, 태형이 집에서 학교까지 거리는 $2\frac{7}{12}$ km입니다. 누구의 집이 학교와 몇 km 더 가까운가요?

( ), ( ) km

2 소금이 $3\frac{5}{6}$ kg 있었습니다. 어머니가 김치를 담그는 데 $1\frac{3}{6}$ kg을 사용했으면 남은 소금은 몇 kg인가요?

식 ______ 답 ______ kg

3 서준, 태형, 민서가 멀리뛰기를 하였습니다. 표를 보고 물음에 답하세요.

멀리뛰기 기록

이름	기록(m)
서준	$1\frac{5}{10}$
태형	$2\frac{8}{10}$
민서	$1\frac{1}{10}$

(1) 태형이는 서준이보다 몇 m 더 멀리 뛰었나요?

식 ______ 답 ______ m

(2) 서준이는 민서보다 몇 m 더 멀리 뛰었나요?

식 ______ 답 ______ m

(3) 태형이는 민서보다 몇 m 더 멀리 뛰었나요?

식 ______ 답 ______ m

개념 다시보기

계산해 보세요.

1 $6\frac{6}{7}-3\frac{3}{7}=\square\frac{\square}{\square}$

2 $5\frac{4}{5}-3\frac{3}{5}=\square\frac{\square}{\square}$

3 $6\frac{2}{3}-1\frac{2}{3}=\square\frac{\square}{\square}$

4 $9\frac{5}{6}-6\frac{3}{6}=\square\frac{\square}{\square}$

5 $7\frac{3}{4}-5\frac{2}{4}=\square\frac{\square}{\square}$

6 $8\frac{5}{6}-8\frac{3}{6}=\square\frac{\square}{\square}$

7 $4\frac{5}{6}-2\frac{4}{6}=\square\frac{\square}{\square}$

8 $3\frac{6}{9}-2\frac{4}{9}=\square\frac{\square}{\square}$

9 $5\frac{17}{19}-2\frac{13}{19}=\square\frac{\square}{\square}$

10 $2\frac{4}{5}-1\frac{2}{5}=\square\frac{\square}{\square}$

도전해 보세요

1 1부터 9까지의 자연수 중에서 □ 안에 들어갈 수 있는 가장 작은 수를 구해 보세요.

$$5\frac{7}{14}-2\frac{4}{14}<3\frac{\square}{14}$$

2 계산해 보세요.

(1) $2-1\frac{1}{4}=$

(2) $4-2\frac{1}{3}=$

9단계 (자연수)-(분수)

개념연결

4-2분수의 덧셈과 뺄셈	4-2분수의 덧셈과 뺄셈		4-2분수의 덧셈과 뺄셈
1-(진분수)	대분수의 뺄셈	(자연수)-(분수)	대분수의 뺄셈
$1-\frac{2}{5}=\frac{3}{5}$	$2\frac{4}{6}-1\frac{2}{6}=1\frac{2}{6}$	$3-1\frac{2}{3}=1\frac{1}{3}$	$3\frac{2}{5}-1\frac{4}{5}=1\frac{3}{5}$

배운 것을 기억해 볼까요?

1 $1-\frac{2}{6}=$

2 $3\frac{4}{5}-1\frac{3}{5}=$

3 $7\frac{3}{10}-3\frac{1}{10}=$

(자연수)-(분수)를 계산할 수 있어요.

30초 개념 자연수에서 1만큼을 가분수로 바꾸어 자연수는 자연수끼리, 분수는 분수끼리 빼요.

$3-1\frac{2}{3}$의 계산 방법

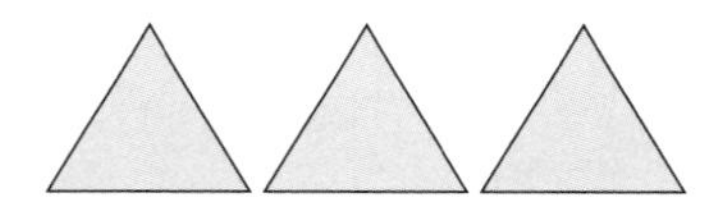

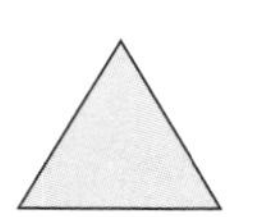

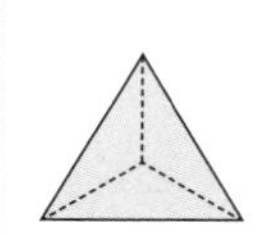

$3 \rightarrow 2\frac{3}{3}$

1만큼을 가분수로 바꿔요.

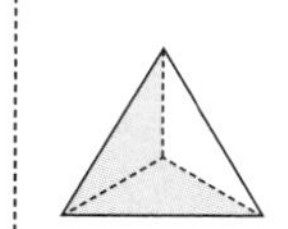

$1\frac{2}{3}$

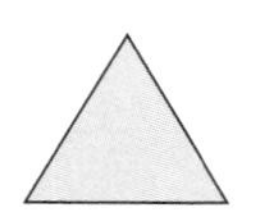

$2\frac{3}{3}-1\frac{2}{3}=1\frac{1}{3}$

이런 방법도 있어요!

(자연수)−(분수)에서 모두 가분수로 바꾸어 분모는 그대로 두고 분자끼리 빼요. 결과가 가분수이면 대분수로 바꾸어 나타낼 수 있어요.

$$3-1\frac{4}{5}=\frac{15}{5}-\frac{9}{5}=\frac{6}{5}=1\frac{1}{5}$$

가분수 → 대분수

□ 안에 알맞은 수를 써넣으세요.

1 $3-1\frac{4}{5}=\boxed{2}\frac{\boxed{5}}{\boxed{5}}-\boxed{1}\frac{\boxed{4}}{\boxed{5}}=\boxed{1}+\frac{\boxed{1}}{\boxed{5}}=\boxed{1}\frac{\boxed{1}}{\boxed{5}}$

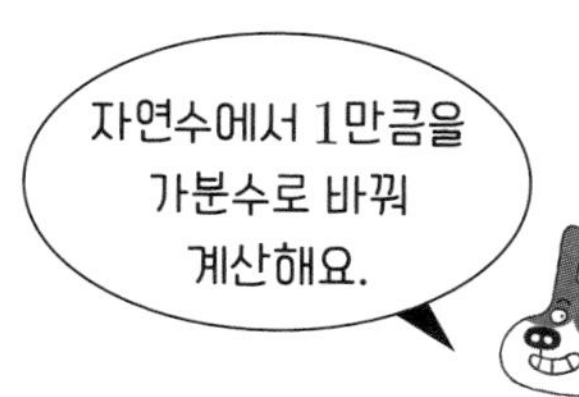

2 $4-1\frac{2}{7}=\square\frac{\square}{\square}-\boxed{1}\frac{\boxed{2}}{\boxed{7}}=\square+\frac{\square}{\square}=\square\frac{\square}{\square}$

3 $5-2\frac{1}{6}=\square\frac{\square}{\square}-\square\frac{\square}{\square}=\square\frac{\square}{\square}$

4 $3-1\frac{3}{4}=\frac{\boxed{12}}{\boxed{4}}-\frac{\boxed{7}}{\boxed{4}}=\frac{\boxed{5}}{\boxed{4}}=\boxed{1}\frac{\boxed{1}}{\boxed{4}}$

5 $4-2\frac{2}{5}=\frac{\square}{\square}-\frac{\square}{\square}=\frac{\square}{\square}=\square\frac{\square}{\square}$

6 $6-3\frac{7}{8}=\frac{\square}{\square}-\frac{\square}{\square}=\frac{\square}{\square}=\square\frac{\square}{\square}$

개념 다지기

1만큼을 가분수로 바꾸어 계산해 보세요.

1 $5-3\frac{3}{7}=\square\frac{\square}{\square}-\square\frac{\square}{\square}$

$=\square\frac{\square}{\square}$

2 $8-1\frac{3}{6}=\square\frac{\square}{\square}-\square\frac{\square}{\square}$

$=\square\frac{\square}{\square}$

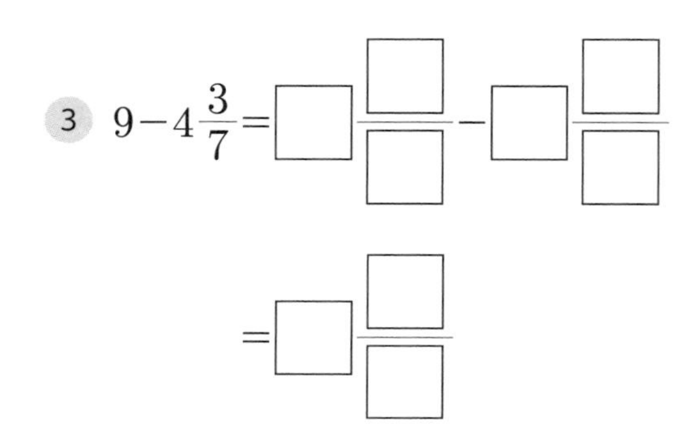

3 $9-4\frac{3}{7}=\square\frac{\square}{\square}-\square\frac{\square}{\square}$

$=\square\frac{\square}{\square}$

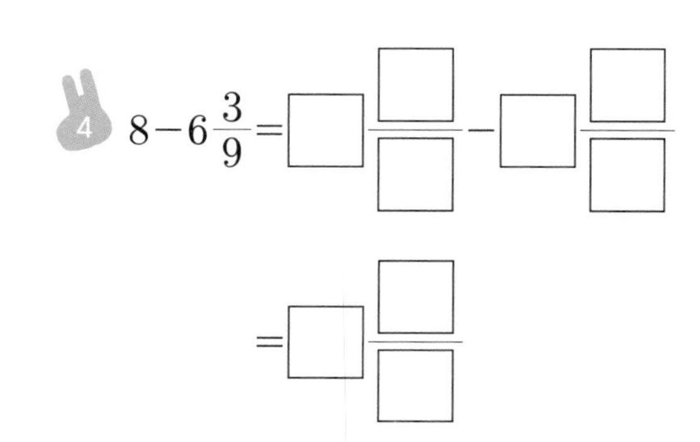

4 $8-6\frac{3}{9}=\square\frac{\square}{\square}-\square\frac{\square}{\square}$

$=\square\frac{\square}{\square}$

5 $6-4\frac{1}{6}=\square\frac{\square}{\square}-\square\frac{\square}{\square}$

$=\square\frac{\square}{\square}$

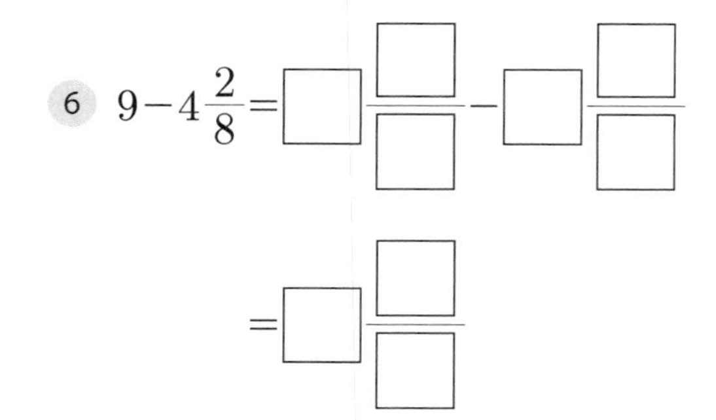

6 $9-4\frac{2}{8}=\square\frac{\square}{\square}-\square\frac{\square}{\square}$

$=\square\frac{\square}{\square}$

가분수로 바꾸어 계산해 보세요.

7 $4-2\frac{3}{5}=\frac{\square}{\square}-\frac{\square}{\square}=\frac{\square}{\square}=\square\frac{\square}{\square}$

8 $8-6\frac{6}{9}=\frac{\square}{\square}-\frac{\square}{\square}=\frac{\square}{\square}=\square\frac{\square}{\square}$

 계산해 보세요.

1 $5-2\frac{3}{8}$

$5-2\frac{3}{8}=4\frac{8}{8}-2\frac{3}{8}=2\frac{5}{8}$

 2 $2-\frac{2}{7}$

3 $6-1\frac{2}{4}$

4 $4-1\frac{3}{8}$

5 $5-3\frac{4}{10}$

6 $6-4\frac{9}{11}$

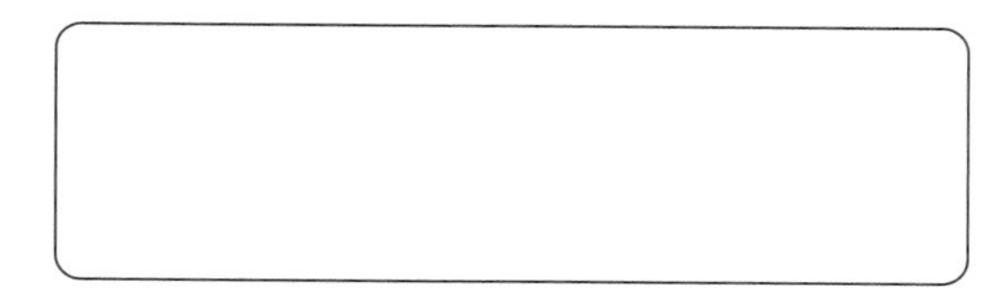

7 $8-5\frac{1}{2}$

8 $7-3\frac{6}{7}$

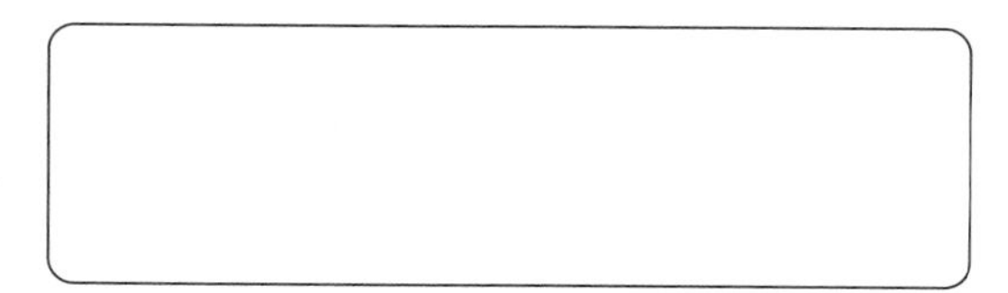

9 $9-5\frac{8}{15}$

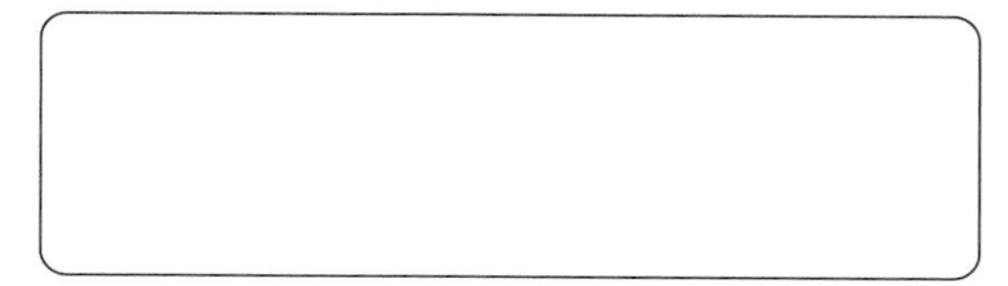

10 $10-6\frac{11}{17}$

문제를 해결해 보세요.

1 주스 5 L를 서준이네 반 친구들이 나누어 마셨더니 $1\frac{5}{10}$ L가 남았습니다. 서준이네 반 친구들이 나누어 마신 주스의 양은 모두 몇 L인가요?

식 ______________________ 답 ____________ L

2 어떤 자연수에서 $2\frac{3}{5}$을 뺐더니 $3\frac{2}{5}$가 되었습니다. 어떤 자연수는 얼마인가요?

( )

3 서준이와 태형이가 일주일 동안 책을 7권씩 읽기로 했습니다. 물음에 답하세요.

(1) 서준이가 일주일 동안 $5\frac{5}{7}$권을 읽었다면 얼마를 더 읽어야 하나요?

식 ______________________ 답 ____________ 권

(2) 태형이가 일주일 동안 $6\frac{6}{7}$권을 읽었다면 얼마를 더 읽어야 하나요?

식 ______________________ 답 ____________ 권

계산해 보세요.

1 $6-3\frac{3}{12}=\square\frac{\square}{\square}$

2 $5-3\frac{3}{5}=\square\frac{\square}{\square}$

3 $8-1\frac{2}{3}=\square\frac{\square}{\square}$

4 $9-6\frac{3}{8}=\square\frac{\square}{\square}$

5 $5-1\frac{3}{7}=\square\frac{\square}{\square}$

6 $3-1\frac{1}{2}=\square\frac{\square}{\square}$

7 $8-6\frac{4}{7}=\square\frac{\square}{\square}$

8 $10-5\frac{5}{9}=\square\frac{\square}{\square}$

9 $4-2\frac{4}{6}=\square\frac{\square}{\square}$

10 $8-3\frac{6}{9}=\square\frac{\square}{\square}$

11 $5-3\frac{13}{19}=\square\frac{\square}{\square}$

12 $5-1\frac{2}{5}=\square\frac{\square}{\square}$

도전해 보세요

1 빈칸에 알맞은 수를 써넣으세요.

−	$2\frac{3}{5}$	$5\frac{7}{8}$
12		

2 계산해 보세요.

(1) $3\frac{1}{4}-1\frac{3}{4}=$

(2) $5\frac{1}{3}-2\frac{2}{3}=$

빼는 진분수가 더 큰

10단계 대분수의 뺄셈

개념연결

4-2분수의 덧셈과 뺄셈	4-2분수의 덧셈과 뺄셈		4-2소수의 덧셈과 뺄셈
대분수의 뺄셈	(자연수)-(분수)	대분수의 뺄셈	소수의 뺄셈
$2\frac{4}{6}-1\frac{2}{6}=\boxed{1}\frac{\boxed{2}}{\boxed{6}}$	$5-3\frac{1}{7}=\boxed{1}\frac{\boxed{6}}{\boxed{7}}$	$3\frac{1}{5}-1\frac{3}{5}=\boxed{1}\frac{\boxed{3}}{\boxed{5}}$	$7.4-2.1=\boxed{5.3}$

배운 것을 기억해 볼까요?

1 $4\frac{3}{7}-1\frac{2}{7}=$

2 $1-\frac{1}{3}=$

3 $6-3\frac{1}{10}=$

분모가 같은 대분수의 뺄셈을 할 수 있어요.

30초 개념 빼어지는 대분수의 자연수에서 1만큼을 가분수로 바꾸어 자연수는 자연수끼리, 분수는 분수끼리 빼요.

$3\frac{1}{3}-1\frac{2}{3}$의 계산 방법

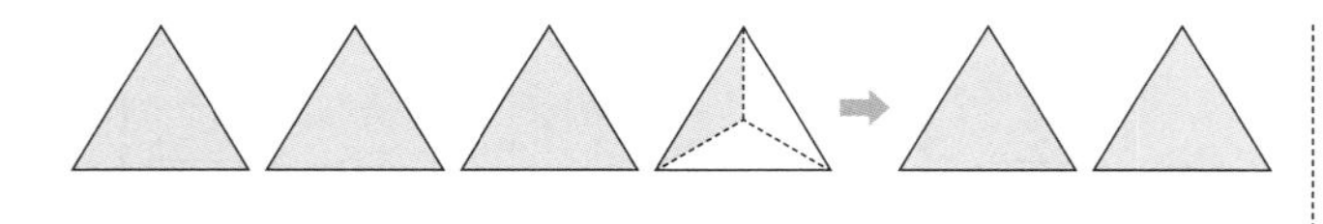
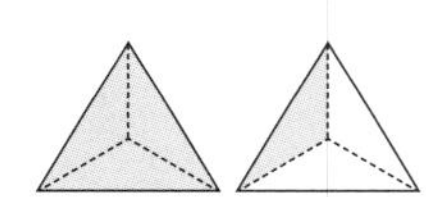

$3\frac{1}{3}$ ➡ $2\frac{4}{3}$

1만큼을 가분수로 바꿔요.

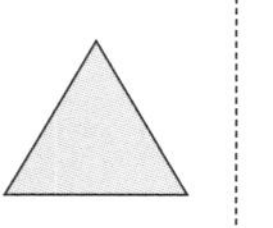

$1\frac{2}{3}$

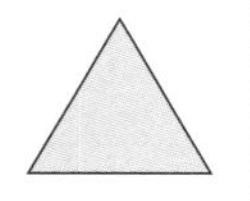

$2\frac{4}{3}-1\frac{2}{3}=1\frac{2}{3}$

이런 방법도 있어요!

대분수를 가분수로 바꾸어

분자끼리 빼고 결과를 대분수로 바꿔요.

$3\frac{1}{3}-1\frac{2}{3}=\frac{10}{3}-\frac{5}{3}=\frac{5}{3}=1\frac{2}{3}$

대분수 ➡ 가분수 가분수 ➡ 대분수

개념 익히기

$\square$ 안에 알맞은 수를 써넣으세요.

1. $4\frac{1}{6}-2\frac{4}{6}=3\frac{\boxed{7}}{6}-2\frac{4}{6}=(3-2)+(\frac{\boxed{7}}{6}-\frac{4}{6})=\boxed{1}+\frac{\boxed{3}}{6}=\boxed{1}\frac{\boxed{3}}{\boxed{6}}$

2. $4\frac{1}{7}-1\frac{2}{7}=\square\frac{\square}{7}-1\frac{2}{7}=(\square-\square)+(\frac{\square}{7}-\frac{\square}{7})=\square+\frac{\square}{7}=\square\frac{\square}{7}$

3. $5\frac{2}{6}-2\frac{5}{6}=\square\frac{\square}{6}-2\frac{5}{6}=\square+\frac{\square}{6}=\square\frac{\square}{6}$

4. $9\frac{2}{8}-6\frac{3}{8}=\square\frac{\square}{8}-6\frac{3}{8}=\square+\frac{\square}{8}=\square\frac{\square}{8}$

5. $4\frac{1}{5}-2\frac{2}{5}=\square\frac{\square}{\square}-\square\frac{\square}{\square}=\square+\frac{\square}{\square}=\square\frac{\square}{\square}$

6. $8\frac{3}{9}-1\frac{4}{9}=\square\frac{\square}{\square}-\square\frac{\square}{\square}=\square+\frac{\square}{\square}=\square\frac{\square}{\square}$

개념 다지기

1만큼을 가분수로 바꾸어 계산해 보세요.

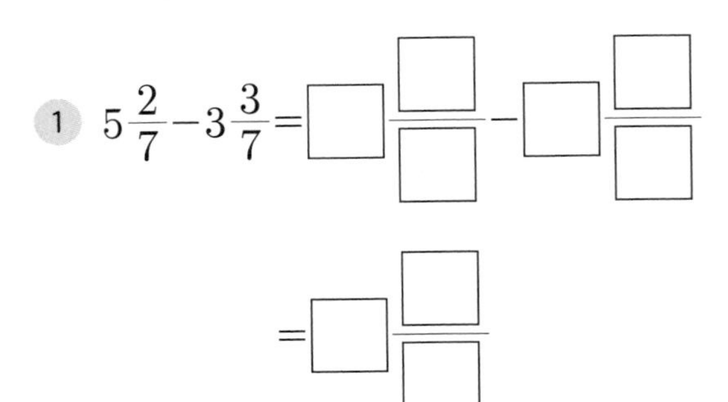

1. $5\frac{2}{7}-3\frac{3}{7}=\square\frac{\square}{\square}-\square\frac{\square}{\square}$
   $=\square\frac{\square}{\square}$

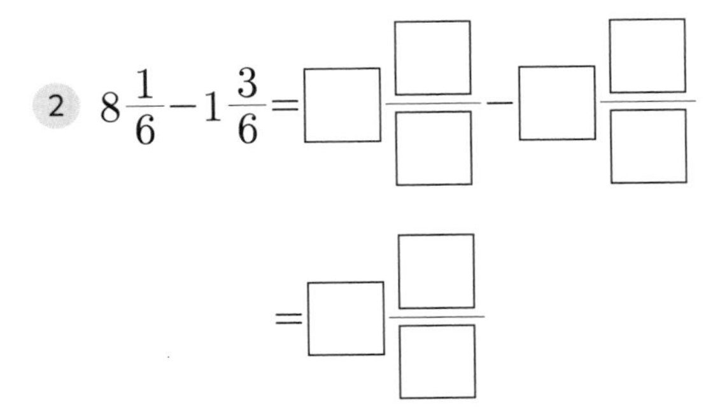

2. $8\frac{1}{6}-1\frac{3}{6}=\square\frac{\square}{\square}-\square\frac{\square}{\square}$
   $=\square\frac{\square}{\square}$

3. $8\frac{1}{5}-3\frac{2}{5}=\square\frac{\square}{\square}-\square\frac{\square}{\square}$
   $=\square\frac{\square}{\square}$

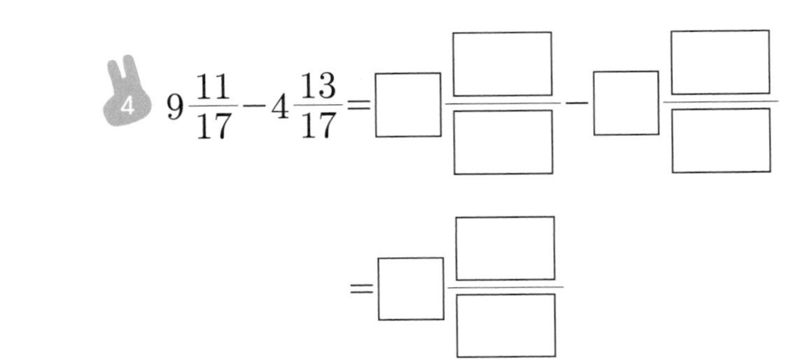

4. $9\frac{11}{17}-4\frac{13}{17}=\square\frac{\square}{\square}-\square\frac{\square}{\square}$
   $=\square\frac{\square}{\square}$

5. $7\frac{9}{12}-3\frac{11}{12}=\square\frac{\square}{\square}-\square\frac{\square}{\square}$
   $=\square\frac{\square}{\square}$

6. $9\frac{3}{6}-7\frac{4}{6}=\square\frac{\square}{\square}-\square\frac{\square}{\square}$
   $=\square\frac{\square}{\square}$

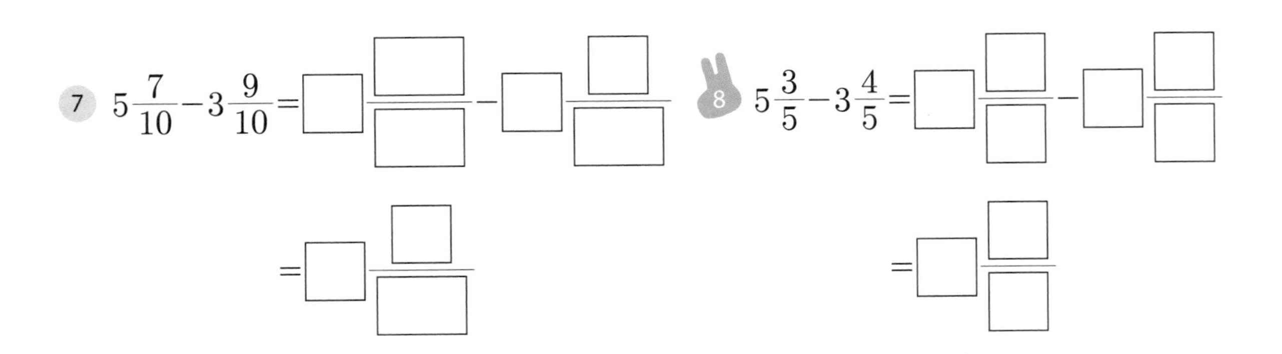

7. $5\frac{7}{10}-3\frac{9}{10}=\square\frac{\square}{\square}-\square\frac{\square}{\square}$
   $=\square\frac{\square}{\square}$

8. $5\frac{3}{5}-3\frac{4}{5}=\square\frac{\square}{\square}-\square\frac{\square}{\square}$
   $=\square\frac{\square}{\square}$

계산해 보세요.

1 $6\frac{2}{4}-1\frac{3}{4}$

$6\frac{2}{4}-1\frac{3}{4}=$

2 $5\frac{1}{8}-2\frac{3}{8}$

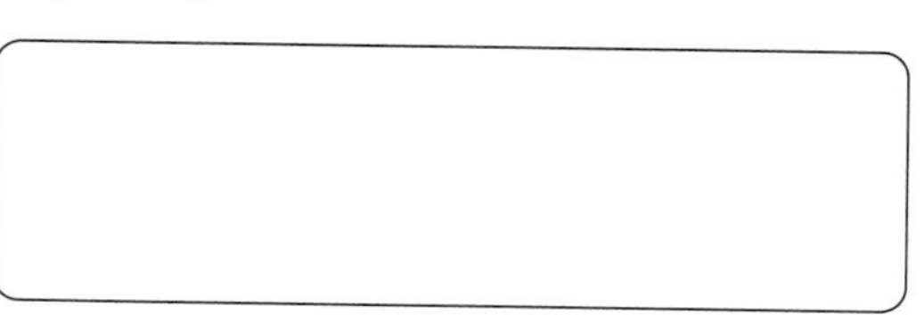

3 $2\frac{4}{7}-1\frac{5}{7}$

4 $4\frac{2}{8}-1\frac{3}{8}$

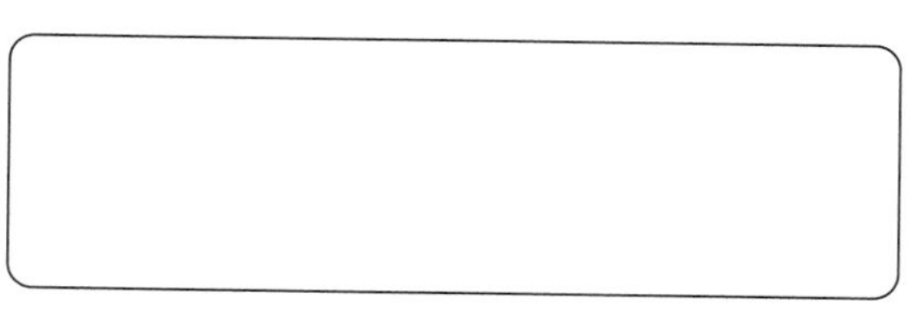

5 $6\frac{4}{6}-2\frac{5}{6}$

6 $5\frac{3}{10}-3\frac{4}{10}$

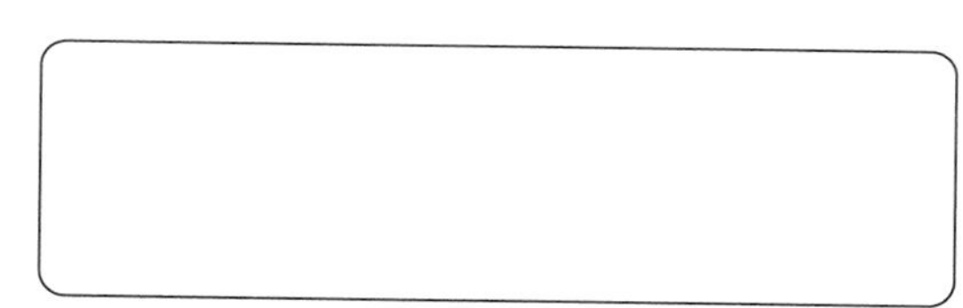

7 $7\frac{7}{11}-4\frac{9}{11}$

8 $8\frac{2}{12}-5\frac{11}{12}$

9 $6\frac{3}{13}-1\frac{8}{13}$

10 $9\frac{7}{15}-5\frac{8}{15}$

개념 키우기

문제를 해결해 보세요.

1 쌀이 $5\frac{2}{9}$ kg 있었습니다. 준서네 가족이 일주일 동안 쌀 $1\frac{4}{9}$ kg을 먹었다면 남은 쌀은 몇 kg인가요?

식 ______________________ **답** ____________ kg

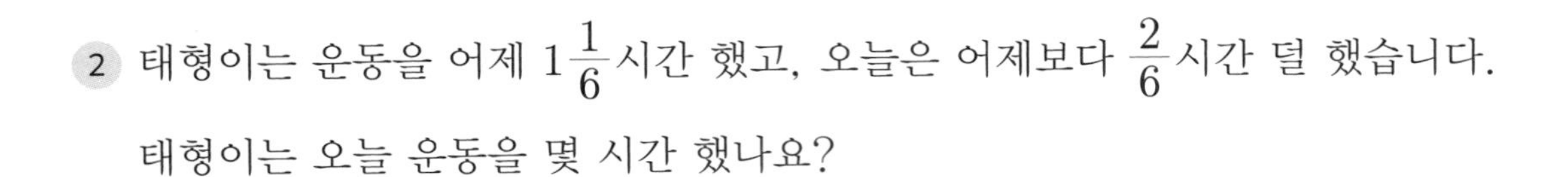

2 태형이는 운동을 어제 $1\frac{1}{6}$시간 했고, 오늘은 어제보다 $\frac{2}{6}$시간 덜 했습니다.
태형이는 오늘 운동을 몇 시간 했나요?

식 ______________________ **답** ____________ 시간

3 페트병은 재활용이 가능합니다. 옷을 만드는 재료로 재활용할 수도 있는데, 아동복 한 벌을 만드는 데는 페트병 $1\frac{3}{5}$ kg이 사용되고, 운동복 한 벌을 만드는 데는 $1\frac{4}{5}$ kg이 사용된다고 합니다. 물음에 답하세요.

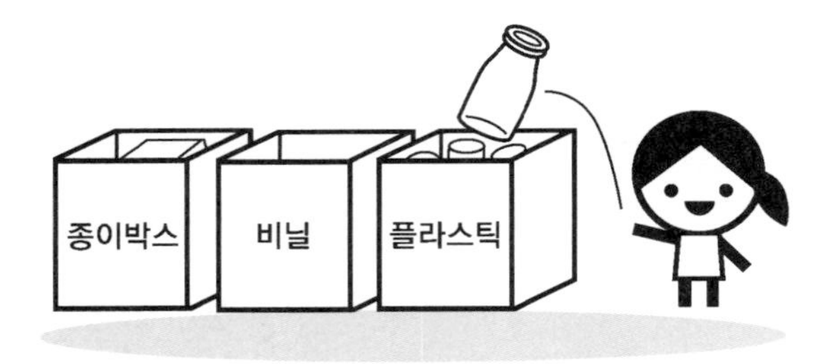

(1) 페트병 $7\frac{1}{5}$ kg으로 아동복 한 벌을 만들었습니다. 남은 페트병은 몇 kg인가요?

식 ______________________ **답** ____________ kg

(2) 페트병 $4\frac{2}{5}$ kg으로 운동복 한 벌을 만들었습니다. 남은 페트병은 몇 kg인가요?

식 ______________________ **답** ____________ kg

월	일	☆☆☆☆☆

개념 다시보기

계산해 보세요.

1 $5\frac{1}{5}-3\frac{3}{5}=\square\frac{\square}{\square}$

2 $9\frac{1}{3}-7\frac{2}{3}=\square\frac{\square}{\square}$

3 $9\frac{2}{8}-6\frac{3}{8}=\square\frac{\square}{\square}$

4 $5\frac{1}{7}-1\frac{3}{7}=\square\frac{\square}{\square}$

5 $8\frac{4}{6}-7\frac{5}{6}=\square\frac{\square}{\square}$

6 $10\frac{3}{9}-5\frac{5}{9}=\square\frac{\square}{\square}$

7 $4\frac{2}{6}-2\frac{4}{6}=\square\frac{\square}{\square}$

8 $6\frac{3}{9}-2\frac{6}{9}=\square\frac{\square}{\square}$

도전해 보세요

1 길이가 $3\frac{1}{7}$ m와 $4\frac{2}{7}$ m인 색 테이프 2장을 $1\frac{5}{7}$ m만큼 겹쳐서 이어 붙였습니다. 이어 붙인 색 테이프의 전체 길이는 몇 m인가요?

( ) m

2 밀가루 $7\frac{1}{9}$ kg 중 빵을 만드는 데 $1\frac{2}{9}$ kg을 사용하였습니다.
남은 밀가루의 양은 몇 kg인가요?

( ) kg

11단계 소수 두 자리 수

개념연결

2-2네 자리 수	3-1분수와 소수	소수 두 자리 수	4-2소수의 덧셈과 뺄셈
네 자리 수	소수 한 자리 수	소수 두 자리 수	소수의 크기 비교
→ 1112	$\frac{4}{10}$=0.4	$\frac{37}{100}$=0.37	3.21 < 3.23

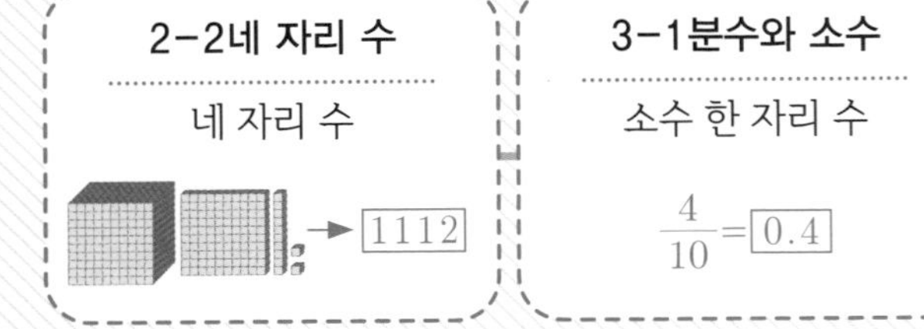

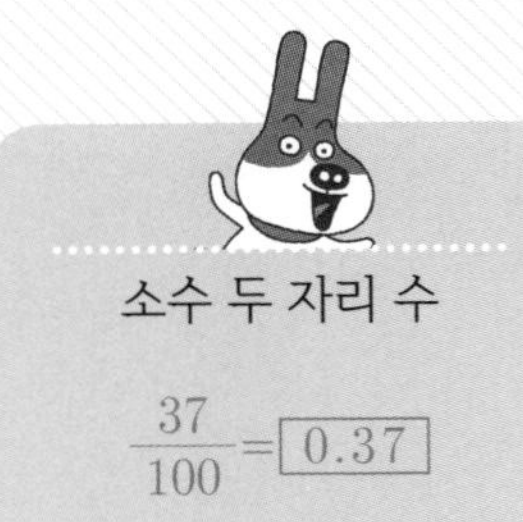

배운 것을 기억해 볼까요?

1 3245는 1000이 □, 100이 □, 10이 □, 1이 □

2 $\frac{1}{10}$=□.□

3

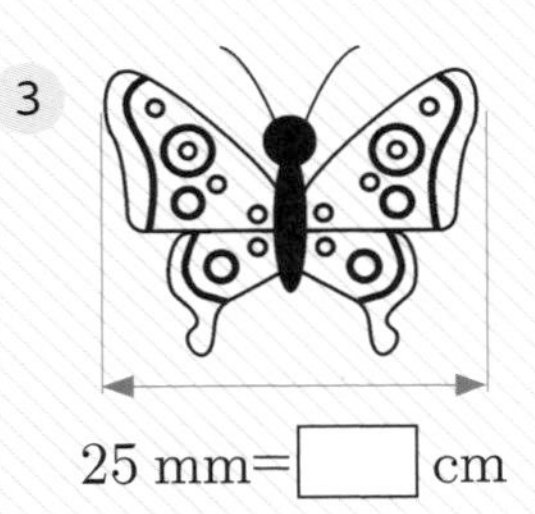

25 mm=□ cm

소수 두 자리 수를 알 수 있어요.

30초 개념 소수 두 자리 수는 소수점 아래에 숫자가 2개인 수예요.

① 소수 0.01

분수 $\frac{1}{100}$은 소수로 0.01이라 쓰고,
영 점 영일이라고 읽어요.

$\frac{1}{100}$=0.01

② 1보다 작은 소수 두 자리 수

분수 $\frac{75}{100}$는 소수로 0.75라 쓰고,
영 점 칠오라고 읽어요.

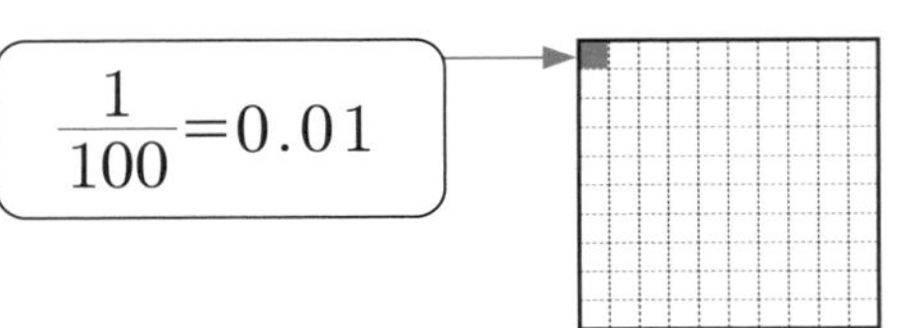

$\frac{75}{100}$=0.75 → 소수점 아래는 숫자만 읽어요.

③ 1보다 큰 소수 두 자리 수

분수 $1\frac{32}{100}$는 소수로 1.32라 쓰고,
일 점 삼이라고 읽어요.

일의 자리		소수 첫째 자리	소수 둘째 자리	
1	.			→ 1
0	.	3		→ 0.3
0	.	0	2	→ 0.02

 분수를 소수로 나타내고 읽어 보세요.

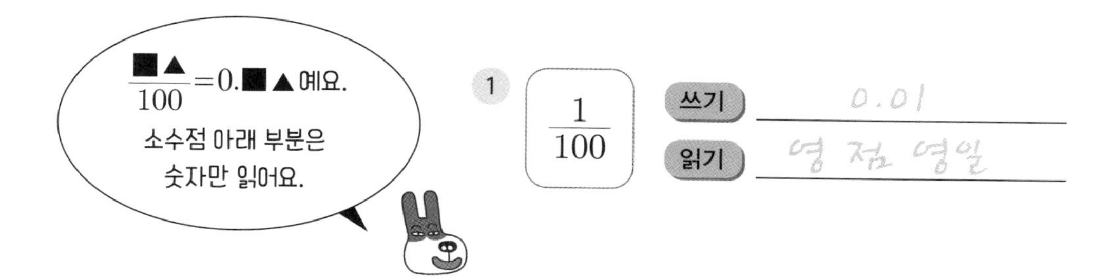

2 $\frac{17}{100}$ 쓰기 ______ 읽기 ______

3 $\frac{34}{100}$ 쓰기 ______ 읽기 ______

4 $\frac{7}{100}$ 쓰기 ______ 읽기 ______

5 $\frac{39}{100}$ 쓰기 ______ 읽기 ______

6 $1\frac{23}{100}$ 쓰기 ______ 읽기 ______

7 $2\frac{63}{100}$ 쓰기 ______ 읽기 ______

8 $\frac{137}{100}$ 쓰기 ______ 읽기 ______

9 $\frac{603}{100}$ 쓰기 ______ 읽기 ______

덤

분수		$\frac{1}{100}$	$\frac{75}{100}$	$1\frac{32}{100}$
소수	쓰기	0.01	0.75	1.32
	읽기	영 점 영일	영 점 칠오	일 점 삼이

개념 다지기

 □ 안에 알맞은 수를 써넣으세요.

1. 2.94는 — 1이 □ / 0.1이 □ / 0.01이 □

2. 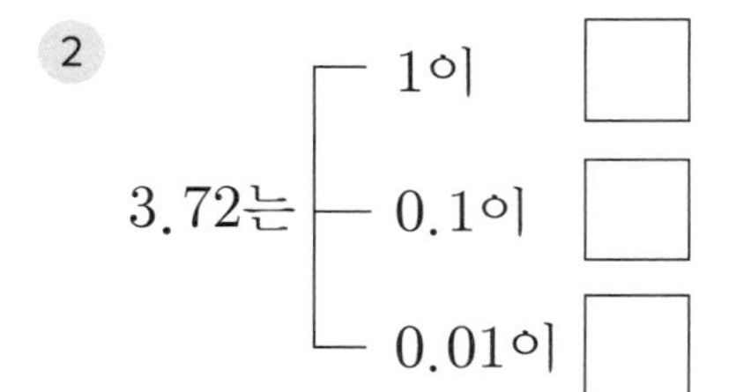
3.72는 — 1이 □ / 0.1이 □ / 0.01이 □

3. □은 — 1이 0 / 0.1이 4 / 0.01이 6

4. 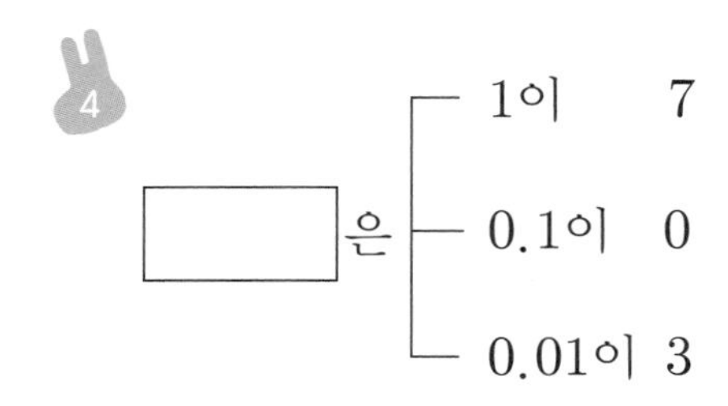
□은 — 1이 7 / 0.1이 0 / 0.01이 3

5. 0.45는 1이 □, 0.1이 □, 0.01이 □인 수입니다.

6. 3.46은 1이 □, 0.1이 □, 0.01이 □인 수입니다.

7. 5.03은 1이 □, 0.01이 □인 수입니다.

8. 7.42는 1이 □, □이 4, □이 2인 수입니다.

9. 8.96=□+□+□

10. 32.87=□+□+□+□

나타내는 소수를 쓰고 읽어 보세요.

1 0.1이 5, 0.01이 4인 수

쓰기 0.54

읽기 영 점 오사

2 0.1이 2, 0.01이 4인 수

쓰기

읽기

3 10이 1, 0.1이 5, 0.01이 4인 수

쓰기

읽기

4 1이 3, 0.1이 7, 0.01이 1인 수

쓰기

읽기

5 10이 1, 1이 4, 0.1이 6, 0.01이 9인 수

쓰기

읽기

6 10이 4, 0.1이 8, 0.01이 15인 수

쓰기

읽기

7 0.1이 3, 0.01이 24인 수

쓰기

읽기

8 1이 5, 0.01이 7인 수

쓰기

읽기

문제를 해결해 보세요.

1 콜라의 용량은 1.25 L입니다. 콜라 용량의 소수 첫째 자리 숫자가 나타내는 수를 써 보세요.

( )

2 서울둘레길
수서역 1820 m

서준이는 아버지와 함께 서울둘레길 코스를 걷다가 다음과 같은 이정표를 보았습니다. 현재 위치에서 수서역까지의 거리는 몇 km인가요?

( ) km

3 민서와 서준이가 병원에서 몸무게를 재었습니다.
그림을 보고 물음에 답하세요.

(1) 민서의 몸무게를 쓰고 읽어 보세요.

쓰기 ____________ 읽기 ____________

(2) 서준이의 몸무게를 쓰고 읽어 보세요.

쓰기 ____________ 읽기 ____________

(3) 민서와 서준이가 맞아야 하는 주사액은 각각 몇 mL인지 쓰고 읽어 보세요.

쓰기 ____________

읽기 ____________

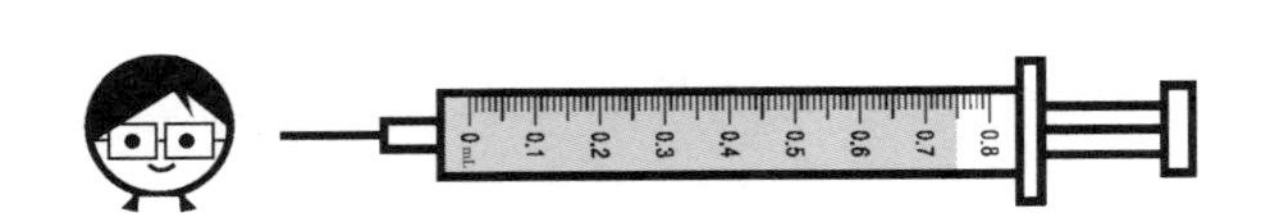

쓰기 ____________

읽기 ____________

개념 다시보기

빈 곳에 알맞은 수나 말을 써 보세요.

1

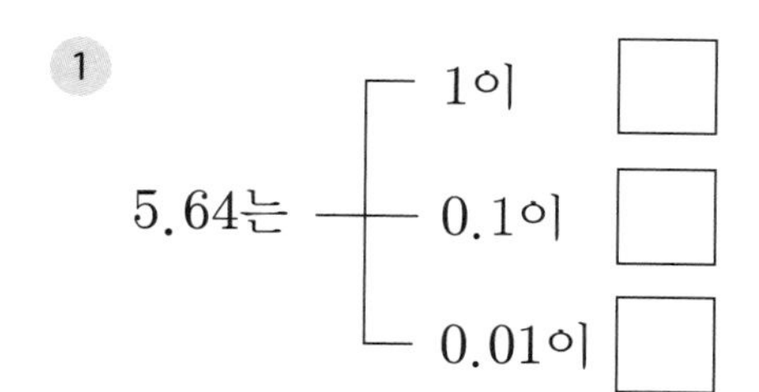

2

6.21은
- 1이 □
- 0.1이 □
- 0.01이 □

3 0.63은 1이 □, 0.1이 □, 0.01이 □인 수입니다.

읽기 ______________

4 9.32은 1이 □, 0.1이 □, 0.01이 □인 수입니다.

읽기 ______________

5 $6.13=6+\square+\square$

6 $13.98=10+\square+\square+\square$

도전해 보세요

1 □ 안에 알맞은 수를 써넣으세요.

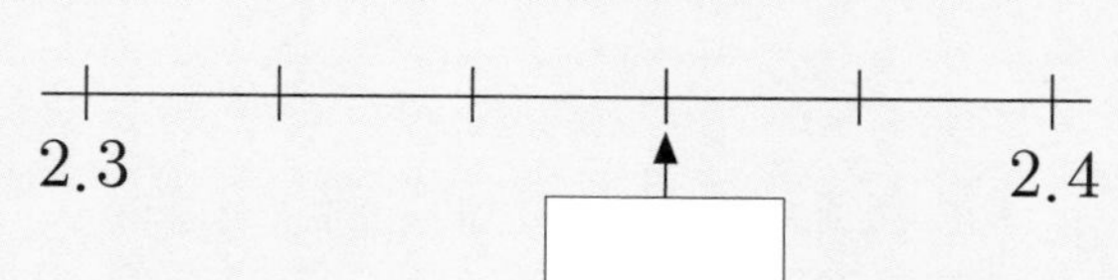

2 소수를 바르게 읽은 것에 ○표 하고, 잘못 읽은 것을 바르게 읽어 보세요.

0.051 ➡ 영 점 오일

(　　　　　　　)

3.024 ➡ 삼 점 영이사

(　　　　　　　)

12단계 소수 세 자리 수

개념연결

3-1분수와 소수	4-2소수의 덧셈과 뺄셈		4-2소수의 덧셈과 뺄셈
소수 한 자리 수	소수 두 자리 수	소수 세 자리 수	소수의 크기 비교
$\frac{3}{10}=\boxed{0.3}$	$\frac{32}{100}=\boxed{0.32}$	$\frac{314}{1000}=\boxed{0.314}$	3.14 $\textcircled{<}$ 3.15

배운 것을 기억해 볼까요?

1 3 cm 6 mm=☐ cm

2 52 cm=☐ m

3 $3\frac{5}{100}$=☐.☐☐

소수 세 자리 수를 알 수 있어요.

30초 개념 소수 세 자리 수는 소수점 아래에 숫자가 3개인 수예요.

① 소수 0.001

분수 $\frac{1}{1000}$은 소수로 0.001이라 쓰고,

영 점 영영일이라고 읽어요.

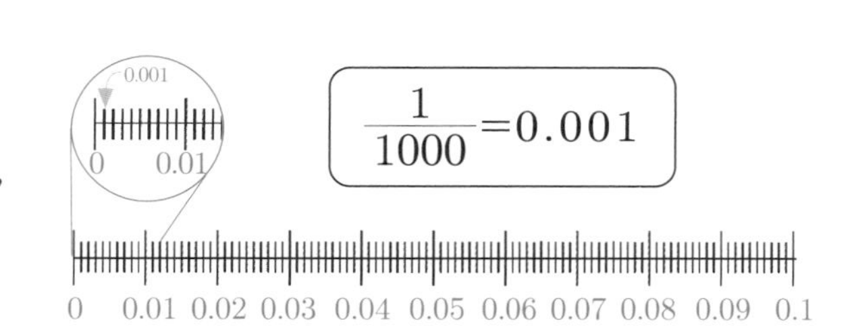

② 1보다 작은 소수 세 자리 수

분수 $\frac{249}{1000}$는 소수로 0.249라 쓰고,

영 점 이사구라고 읽어요.

$\frac{249}{1000}$=0.249

소수점 아래는 숫자만 읽어요.

③ 1보다 큰 소수 세 자리 수

1.781은 일 점 칠팔일이라고 읽어요.

일의 자리		소수 첫째 자리	소수 둘째 자리	소수 셋째 자리
1	.			
0	.	7		
0	.	0	8	
0	.	0	0	1

□ 안에 알맞은 수를 써넣고 읽어 보세요.

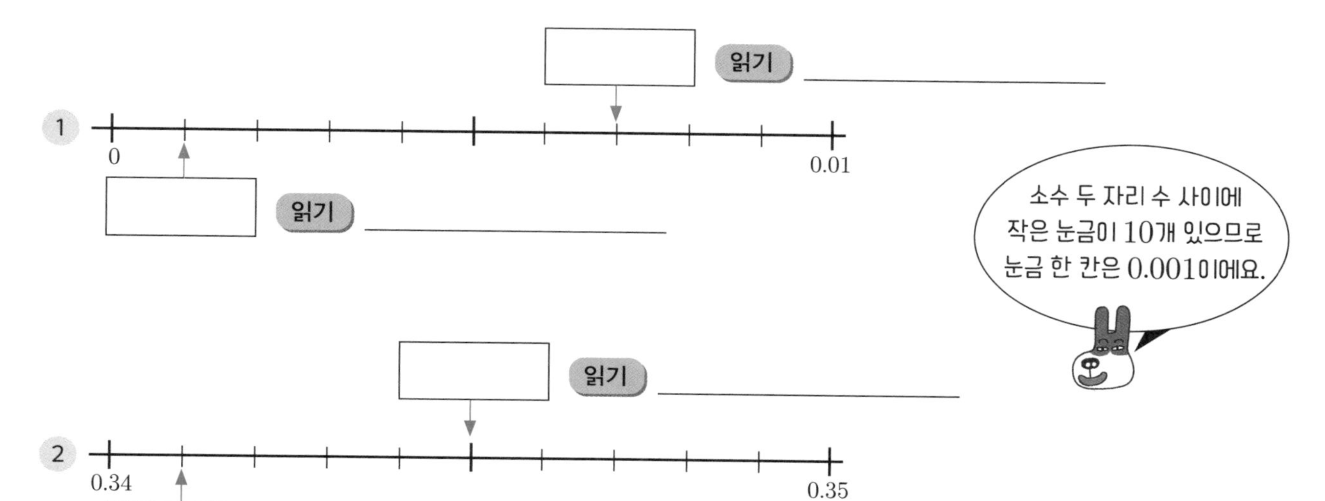

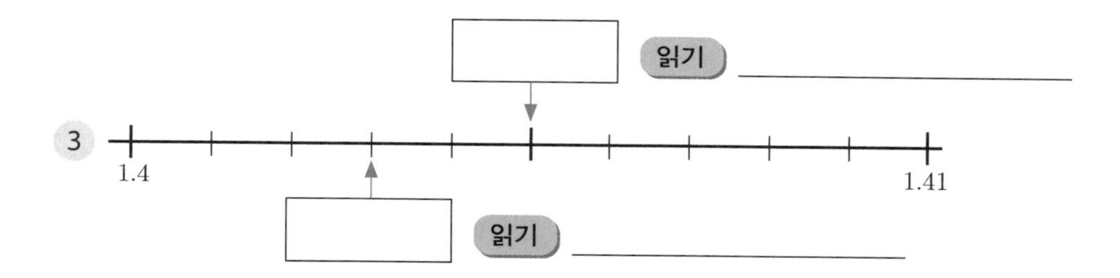

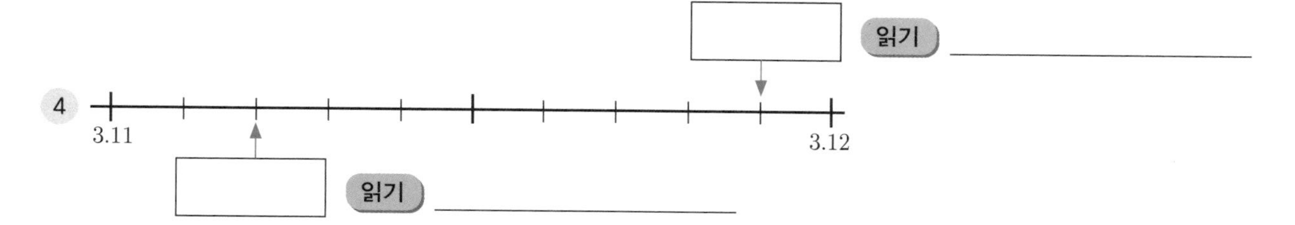

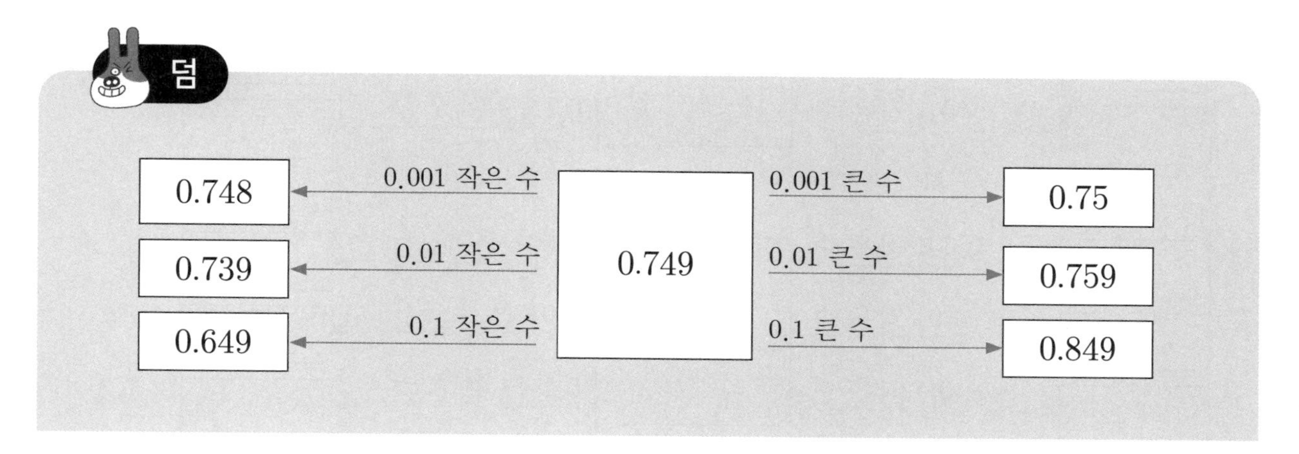

개념 다지기

☐ 안에 알맞은 수를 써넣으세요.

1
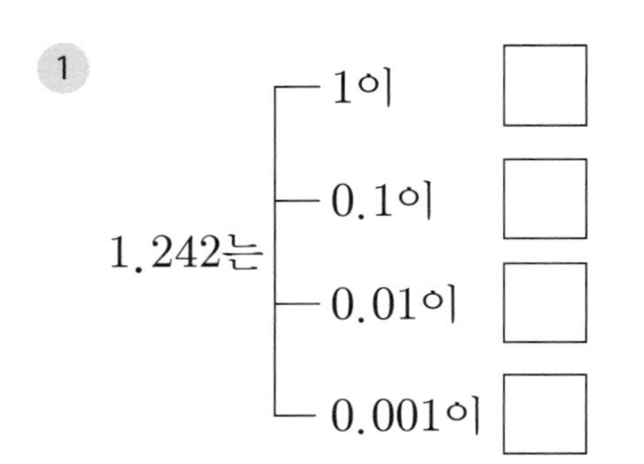

2
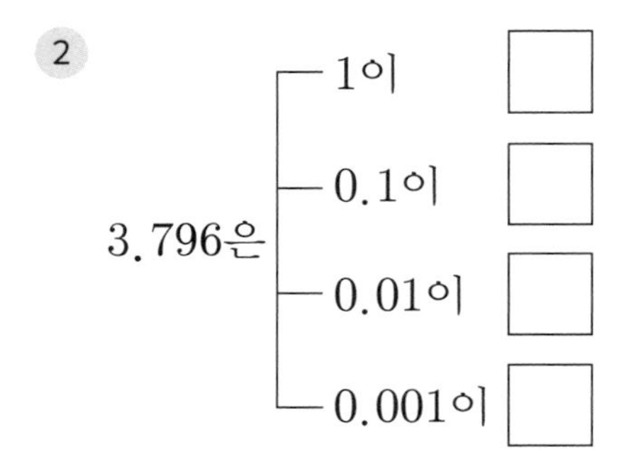

3
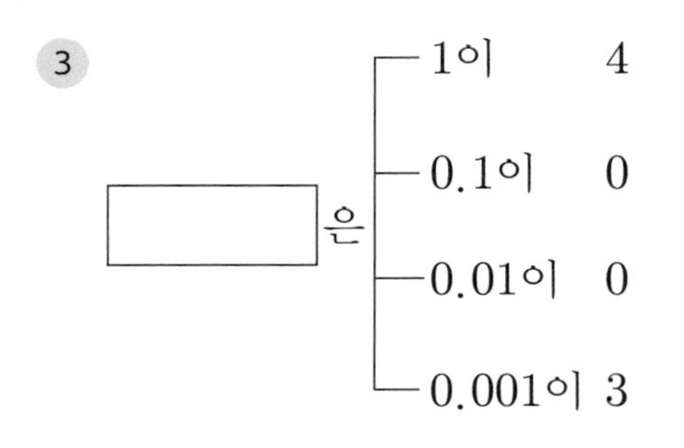

4
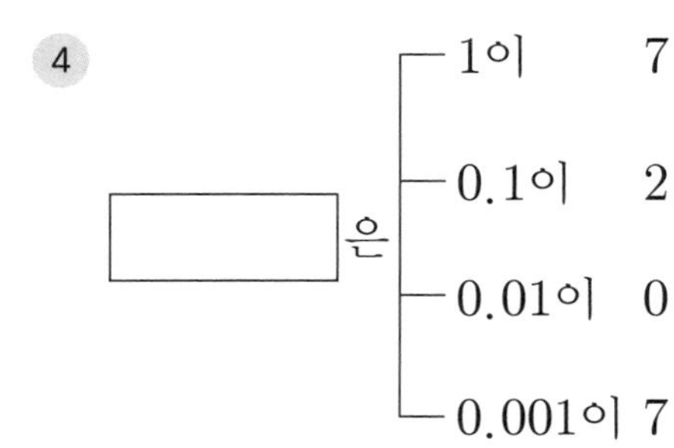

5 0.001이 7인 수 ➡ ☐

6 0.001이 25인 수 ➡ ☐

7 0.001이 351인 수 ➡ ☐

8 0.001이 50인 수 ➡ ☐

9 2.124는 1이 2, 0.1이 ☐, 0.01이 ☐, 0.001이 ☐인 수입니다.

10 8.613은 1이 8, ☐이 6, ☐이 1, 0.001이 ☐인 수입니다.

11
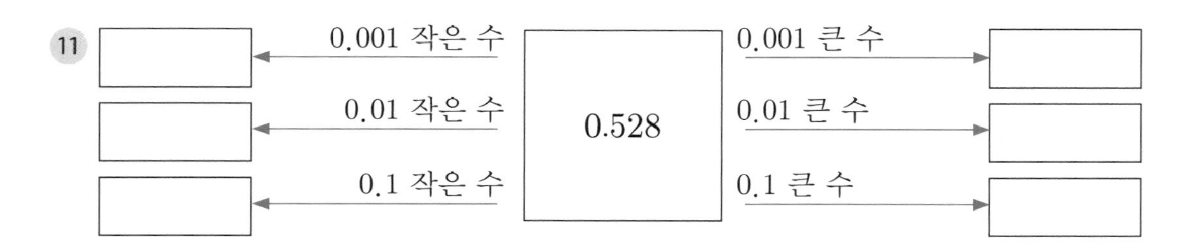

12

소수를 각 자리의 덧셈식으로 나타내세요.

① 3.216

3.216=3+0.2+0.01+0.006

② 0.637

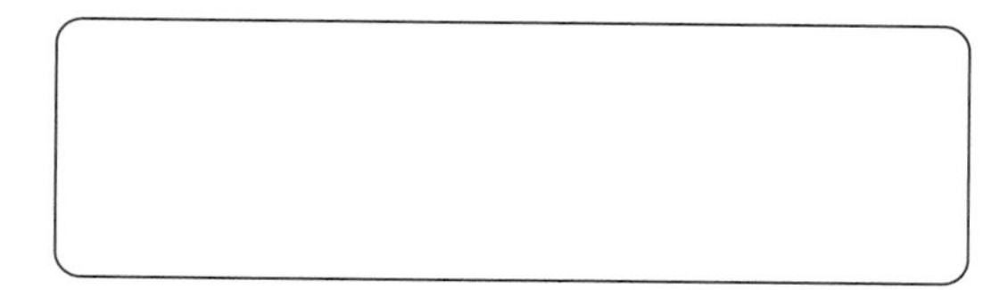

③ 2.573

④ 4.839

⑤ 6.709

⑥ 10.472

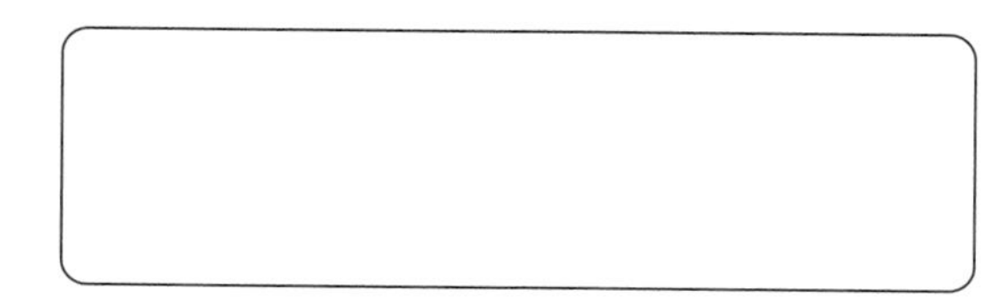

⑦ 12.062

⑧ 15.001

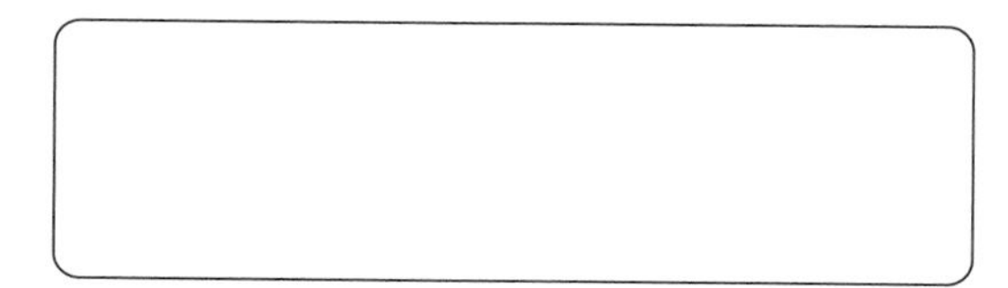

⑨ 30.107

⑩ 42.802

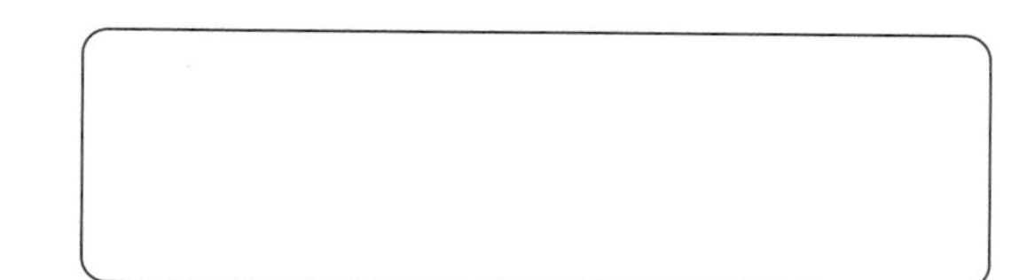

개념 키우기

문제를 해결해 보세요.

1 산의 높이를 나타낸 것입니다. 가장 높은 산과 가장 낮은 산의 높이를 km로 써 보세요.

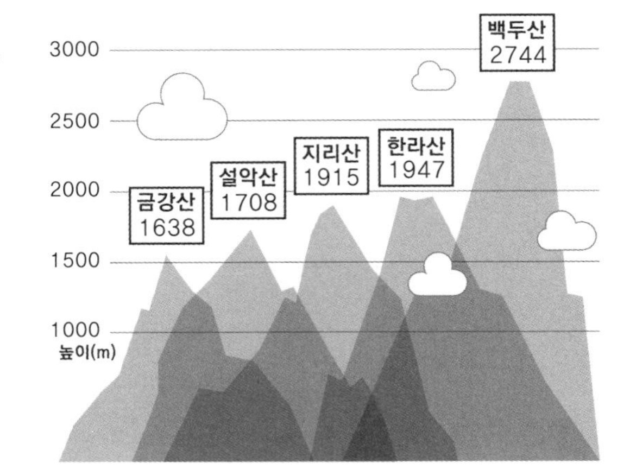

가장 높은 산 (   ) km

가장 낮은 산 (   ) km

2 표를 보고 물음에 답하세요.

순위	선수명	팀명	타율
1	양의지	NC	0.354
2	페르난데스	두산	0.344
3	박민우	NC	0.344
4	이정후	키움	0.336
5	강백호	KT	0.336

(1) NC팀 선수의 타율을 쓰고 소수를 읽어 보세요.

쓰기 ______________ 읽기 ______________

쓰기 ______________ 읽기 ______________

(2) KT팀 선수의 타율을 쓰고 소수를 읽어 보세요.

쓰기 ______________ 읽기 ______________

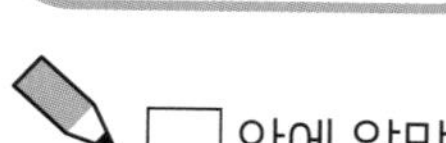

개념 다시보기

☐ 안에 알맞은 수를 써넣으세요.

1 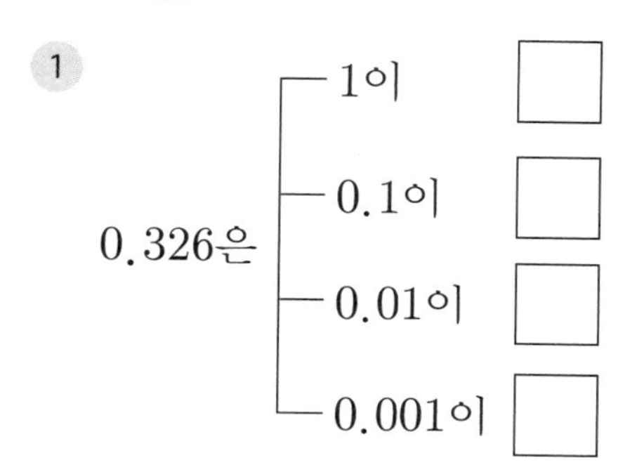

2 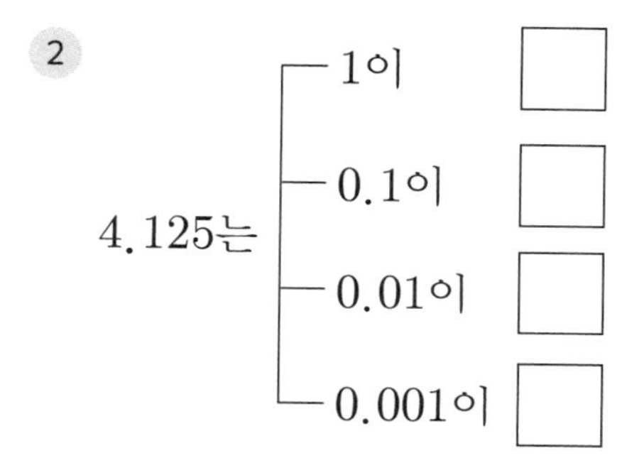

3 4.316은 1이 4, 0.1이 ☐, 0.01이 ☐, 0.001이 ☐인 수입니다.

4 12.013은 10이 1, 1이 ☐, 0.01이 ☐, 0.001이 ☐인 수입니다.

5 6.749=6+☐+☐+☐

6 2.062=2+☐+☐

7 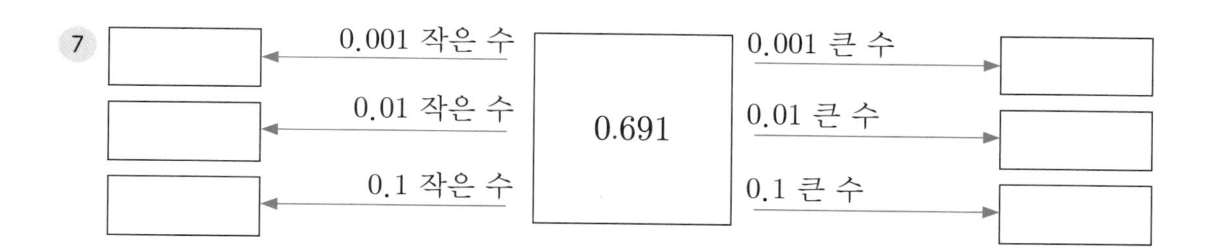

도전해 보세요

1 ☐ 안에 알맞은 수를 써넣으세요.

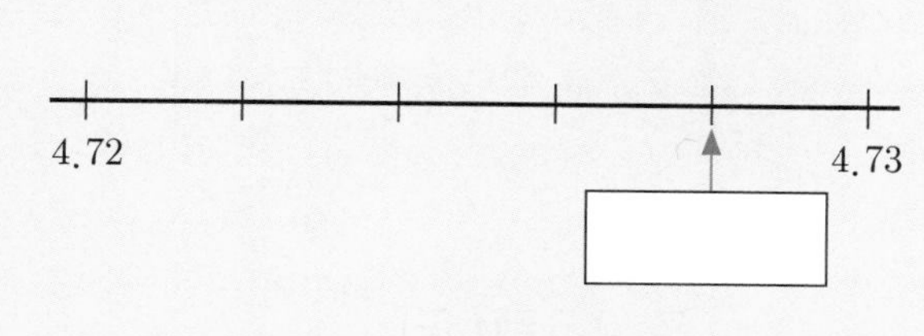

2 두 소수의 크기를 비교하여 ○ 안에 >, =, <를 알맞게 써넣으세요.

(1) 

(2) 

13단계 소수의 크기 비교

개념연결

3-1분수와 소수
소수의 크기 비교
0.3 < 0.6

4-2소수의 덧셈과 뺄셈
소수 세 자리 수
$\frac{314}{1000}$ = 0.314

소수의 크기 비교
0.479 < 0.481

4-2소수의 덧셈과 뺄셈
소수 사이의 관계
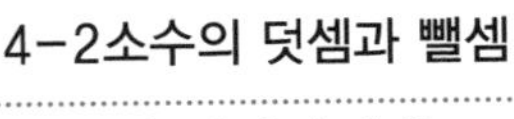

배운 것을 기억해 볼까요?

1 3.7 ◯ 3.1

2
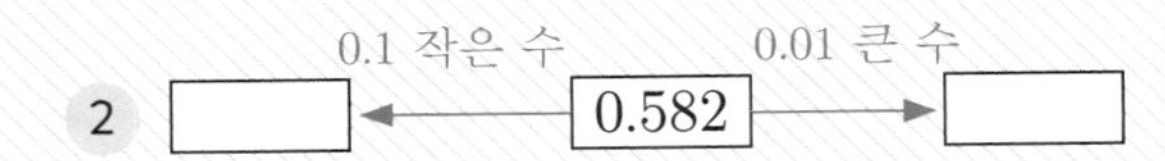

소수의 크기를 비교할 수 있어요.

30초 개념 소수의 크기를 비교할 때 높은 자리부터 차례로 비교해요. 자연수 부분, 소수 첫째 자리, 소수 둘째 자리, 소수 셋째 자리 순서로 비교하면 돼요.

소수의 크기 비교

① 자연수 부분이 다를 때, 자연수 부분을 비교 ➡ 2.5 < 3.1

② 자연수 부분이 같을 때,
소수 첫째 자리를 비교 ➡ 0.42 > 0.28
소수 첫째 자리까지 같다면 소수 둘째 자리를 비교 ➡ 1.534 < 1.562
소수 둘째 자리까지 같다면 소수 셋째 자리를 비교 ➡ 3.408 > 3.401

0.5와 0.50

0.5와 0.50은 같은 수예요.
소수는 필요한 경우 오른쪽 끝자리에 0을 붙여서 나타낼 수 있어요.

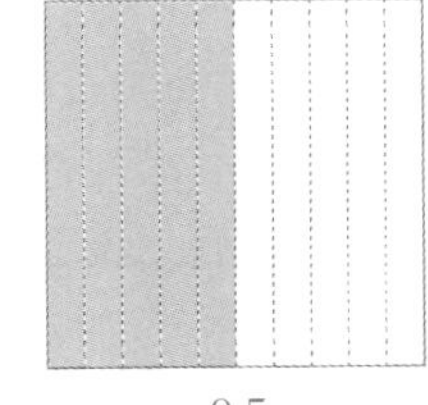
0.5

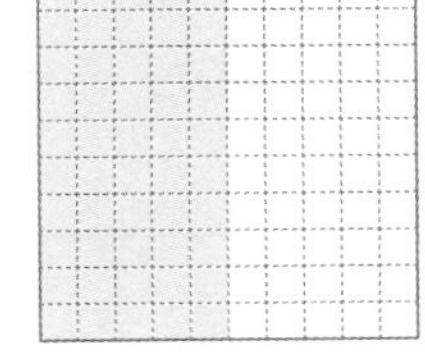
0.50

0.5=0.50

 빈칸에 알맞은 수를 써넣고, ◯ 안에 >, =, <를 알맞게 써넣으세요.

1

	일의 자리		소수 첫째 자리	소수 둘째 자리
1.92 ➡	1	.	9	2
0.95 ➡	0	.	9	5

1.92 (>) 0.95

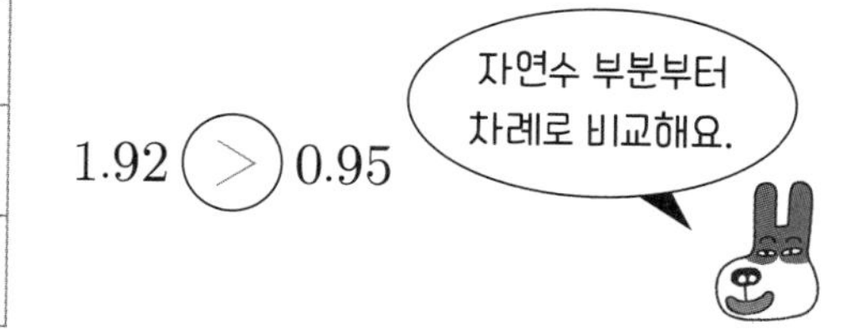

2

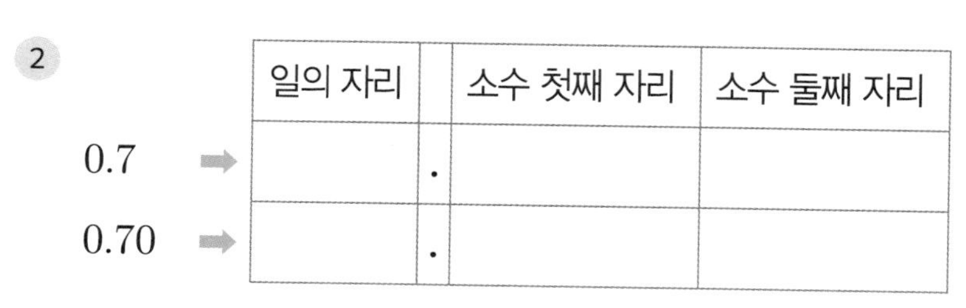

	일의 자리		소수 첫째 자리	소수 둘째 자리
0.7 ➡		.		
0.70 ➡		.		

0.7 ◯ 0.70

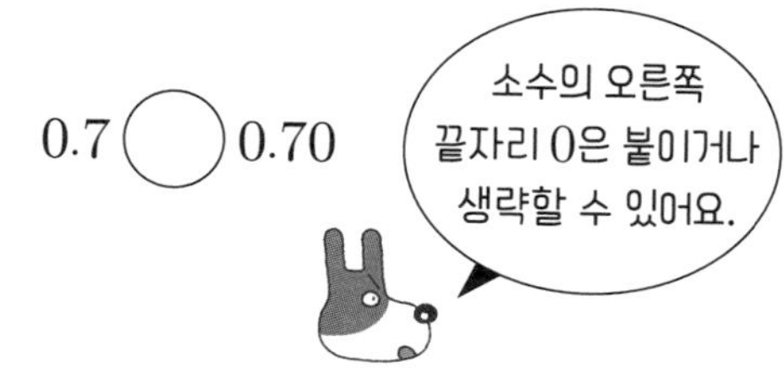

3

	일의 자리		소수 첫째 자리	소수 둘째 자리	소수 셋째 자리
3.899 ➡		.			
3.916 ➡		.			

3.899 ◯ 3.916

4

	일의 자리		소수 첫째 자리	소수 둘째 자리	소수 셋째 자리
4.942 ➡		.			
4.951 ➡		.			

4.942 ◯ 4.951

5

	일의 자리		소수 첫째 자리	소수 둘째 자리	소수 셋째 자리
6.738 ➡		.			
6.731 ➡		.			

6.738 ◯ 6.731

6

	일의 자리		소수 첫째 자리	소수 둘째 자리	소수 셋째 자리
0.916 ➡		.			
0.91 ➡		.			

0.916 ◯ 0.91

개념 다지기

두 수의 크기를 비교하여 ○ 안에 >, =, <를 알맞게 써넣으세요.

1. 0.42 ○ 1.24
2. 3.72 ○ 3.70
3. 1.625 ○ 1.635
4. 4.762 ○ 4.772
5. 14.014 ○ 14.01
6. 33300000 ○ 3330000
7. 5.28 ○ 5.29
8. 9.051 ○ 9.05
9. 2.29 ○ 3.29
10. 7.14 ○ 7.146
11. 6억 750만 ○ 6억 7000만
12. 2.761 ○ 2.763
13. 3.714 ○ 3.724
14. 6.38 ○ 6.3
15. 7.2 ○ 6.3
16. 4.001 ○ 4.003
17. 7.24 ○ 2.45
18. 5.31 ○ 5.33

두 수의 크기를 비교하여 ◯ 안에 >, =, <를 알맞게 써넣으세요.

1 0.07 ◯ 0.070

2 0.94 ◯ $\frac{93}{100}$

3 6.42 ◯ 6.420

4 1.034 ◯ 1.34

5 3.01 ◯ 3.10

6 4.25 ◯ 4.253

7 12.1 ◯ 1.99

8 10.199 ◯ 10.9

9 1.6 ◯ 16.7

10 1.350 ◯ $1\frac{305}{1000}$

11 1.68 ◯ 1.86

12 0.59 ◯ 0.890

13 0.01 ◯ 1.01

14 $\frac{9}{100}$ ◯ 1.11

15 1.10 ◯ 0.10

16 7.41 ◯ 7.43

17 6.76 ◯ 6.760

18 1.602 ◯ 1.6

개념 키우기

문제를 해결해 보세요.

1 서준이와 민서, 강준이는 학교에서 체력 테스트를 하였습니다.
표를 보고 물음에 답하세요.

	공 던지기(m)	50 m 달리기(초)
서준	25.7	9.12
민서	15.4	10.1
강준	23.0	9.07

(1) 공 던지기 기록이 가장 먼 사람부터 순서대로 써 보세요.

( )

(2) 50 m 달리기 기록이 가장 빠른 사람부터 순서대로 써 보세요.

( )

2 지리산에는 천왕봉, 반야봉, 노고단 등을 잇는 25.5 km의 주 능선에 토끼봉, 명선봉, 영신봉, 촛대봉 같은 1000 m를 넘는 봉우리가 있습니다. 그림을 보고 물음에 답하세요.

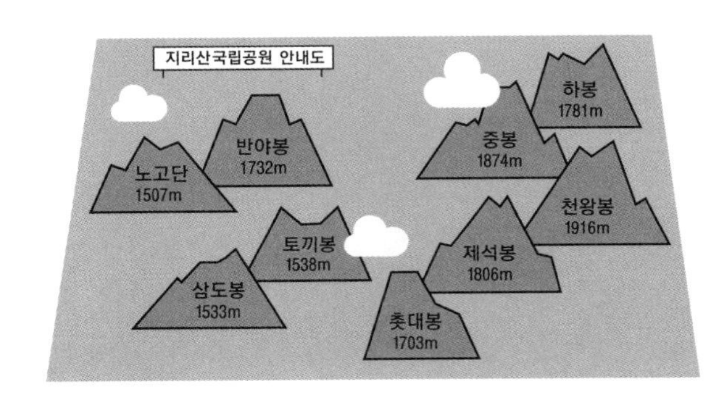

(1) 삼도봉, 토끼봉, 중봉, 하봉의 높이를 km로 나타내세요.

삼도봉 ( ) km　　중봉 ( ) km
토끼봉 ( ) km　　하봉 ( ) km

(2) 지리산국립공원 안내도에서 가장 높은 봉우리의 이름을 쓰고, 높이는 몇 km인지 써 보세요.

(,) km

(3) 지리산국립공원 안내도에서 가장 낮은 봉우리의 이름을 쓰고, 높이는 몇 km인지 써 보세요.

(,) km

두 소수의 크기를 비교하여 ◯ 안에 >, =, <를 알맞게 써넣으세요.

① 1.4 ◯ 1.6

② 3.1 ◯ 3

③ 2.71 ◯ 2.74

④ 6.29 ◯ 2.49

⑤ 7.6 ◯ 7.7

⑥ 4.125 ◯ 4.126

⑦ 6.16 ◯ 6.26

⑧ 10.34 ◯ 10.351

⑨ 2.74 ◯ 2.740

⑩ 3.94 ◯ 4.94

⑪ 1.4 ◯ 1.6

⑫ 0.004 ◯ 0.004

도전해 보세요

1 수 카드 4장을 한 번씩만 사용하여 소수 두 자리 수를 만들려고 합니다. 만들 수 있는 가장 큰 수와 가장 작은 수를 써 보세요.

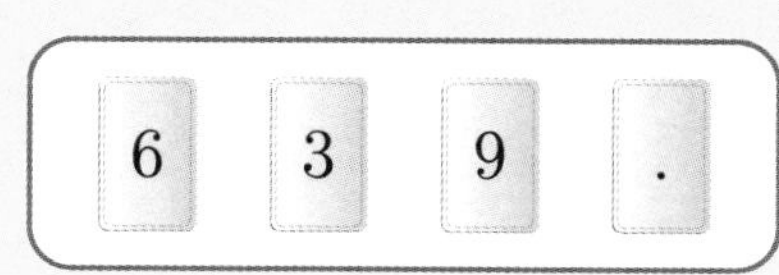

가장 큰 수 (   )

가장 작은 수 (   )

2 □ 안에 0부터 9까지 어떤 수를 넣을 수 있을 때 작은 수부터 차례로 기호를 써 보세요.

㉠ 2□.175

㉡ 29.5□3

㉢ 29.18□

(   )

14단계 소수 사이의 관계

개념연결

4-2소수의 덧셈과 뺄셈	4-2소수의 덧셈과 뺄셈		4-2소수의 덧셈과 뺄셈
소수 세 자리 수	소수의 크기 비교	소수 사이의 관계	소수의 덧셈
$\frac{243}{1000}$=0.243	4.123 > 4.121	0.02의 10배 → 0.2	0.1+0.6=0.7

배운 것을 기억해 볼까요?

1 (1) $\frac{3}{1000}=\square.\square\square\square$

(2) $\frac{3}{100}=\square.\square\square$

2 0.2 ○ 0.02

소수 사이의 관계를 알 수 있어요.

30초 개념

소수를 10배 하면 소수점을 기준으로 수가 왼쪽으로 한 자리 이동하고,
소수의 $\frac{1}{10}$은 소수점을 기준으로 수가 오른쪽으로 한 자리 이동해요.

1, 0.1, 0.01, 0.001 **사이의 관계와 크기 변화**

소수의 $\frac{1}{10}$은 소수점을 기준으로 수가 오른쪽으로 한 자리 이동해요.

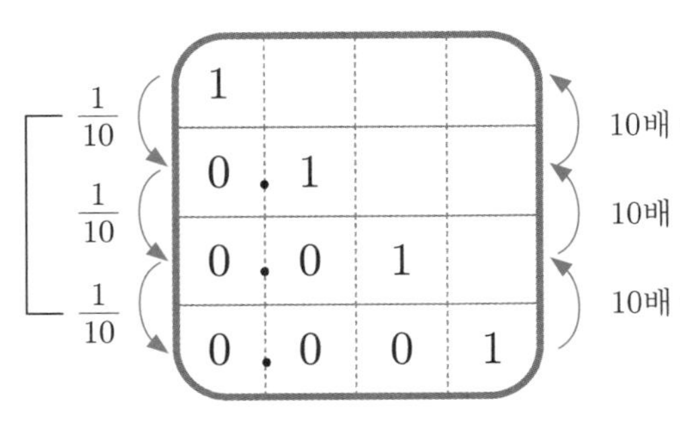

소수를 10배 하면 소수점을 기준으로 수가 왼쪽으로 한 자리 이동해요.

이런 방법도 있어요!

1 ⇄ 0.1 ⇄ 0.01 ⇄ 0.001 (오른쪽으로 $\frac{1}{10}$, 왼쪽으로 10배)

빈칸에 알맞은 수를 써넣으세요.

소수를 10배 하면 소수점을 오른쪽으로 한 칸 이동해요.

1 

2 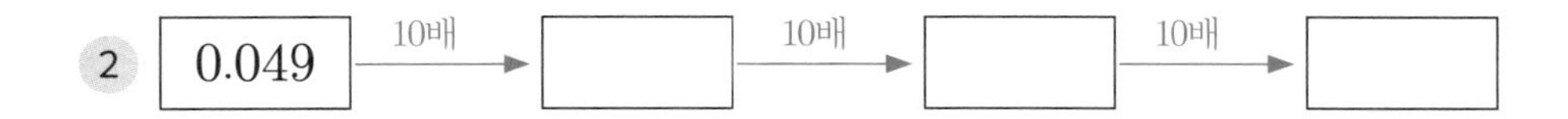

3 0.567 —10배→ ☐ —10배→ ☐ —10배→ ☐

4 3.001 —10배→ ☐ —10배→ ☐ —10배→ ☐

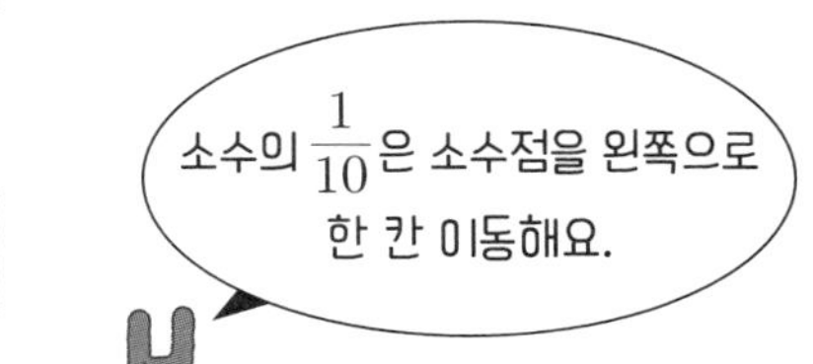

5 3 —$\frac{1}{10}$→ 0.3 —$\frac{1}{10}$→ ☐ —$\frac{1}{10}$→ ☐

6 60 —$\frac{1}{10}$→ ☐ —$\frac{1}{10}$→ ☐ —$\frac{1}{10}$→ ☐

7 701 —$\frac{1}{10}$→ ☐ —$\frac{1}{10}$→ ☐ —$\frac{1}{10}$→ ☐

8 5405 —$\frac{1}{10}$→ ☐ —$\frac{1}{10}$→ ☐ —$\frac{1}{10}$→ ☐

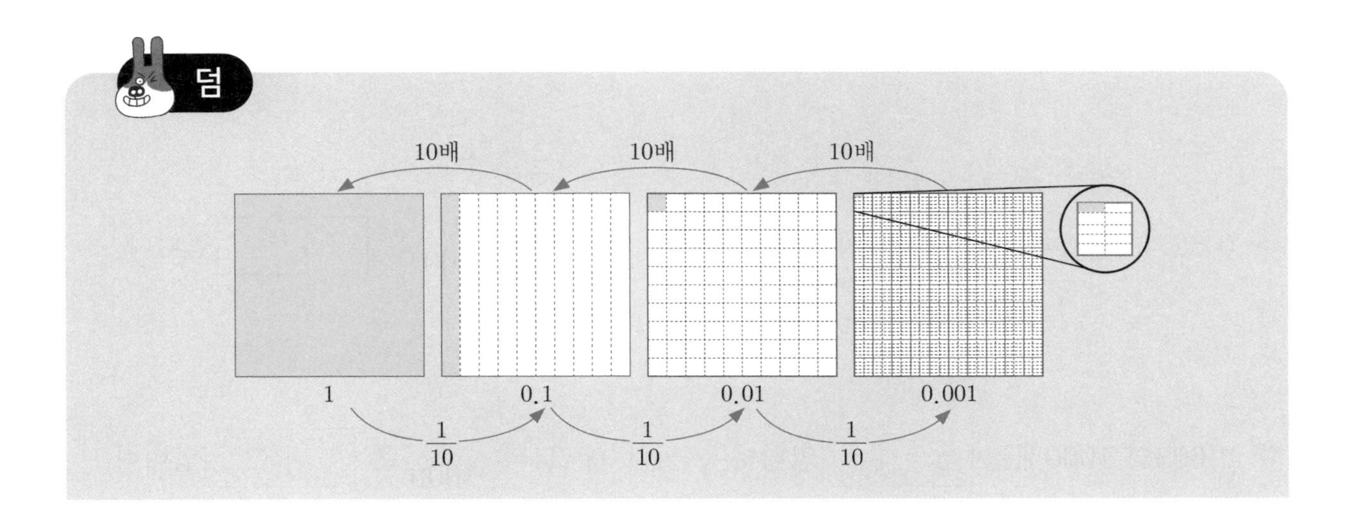

개념 다지기

□ 안에 알맞은 수를 써넣으세요.

1 0.125의 10배는 □입니다.

2 3의 $\frac{1}{10}$은 □입니다.

3 2.04의 10배는 □입니다.

4 17의 $\frac{1}{10}$은 □입니다.

5 6.013의 10배는 □입니다.

6 0.6의 $\frac{1}{10}$은 □입니다.

7 16.25의 10배는 □입니다.

8 8.3의 $\frac{1}{10}$은 □입니다.

9 10.03의 10배는 □이고 100배는 □입니다.

10 5.2의 $\frac{1}{10}$은 □이고 $\frac{1}{100}$은 □입니다.

11 2.01의 100배는 □입니다.

12 10의 $\frac{1}{100}$은 □입니다.

13 0.512의 100배는 □입니다.

14 13.6의 $\frac{1}{100}$은 □입니다.

15 0.32의 1000배는 □입니다.

16 8의 $\frac{1}{1000}$은 □입니다.

17 2.603의 1000배는 □입니다.

18 24의 $\frac{1}{1000}$은 □입니다.

빈칸에 알맞은 수를 써넣으세요.

1
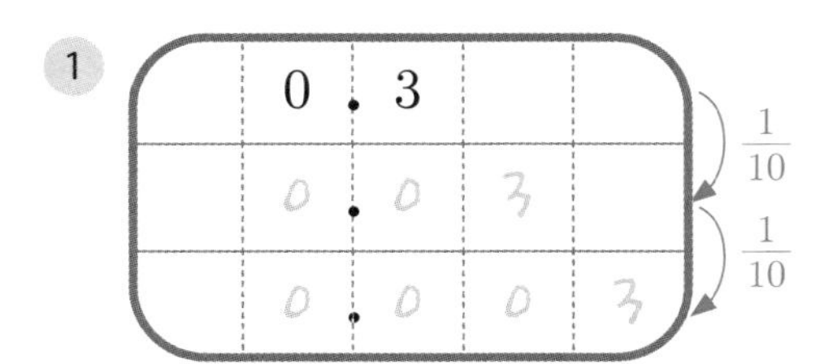

2
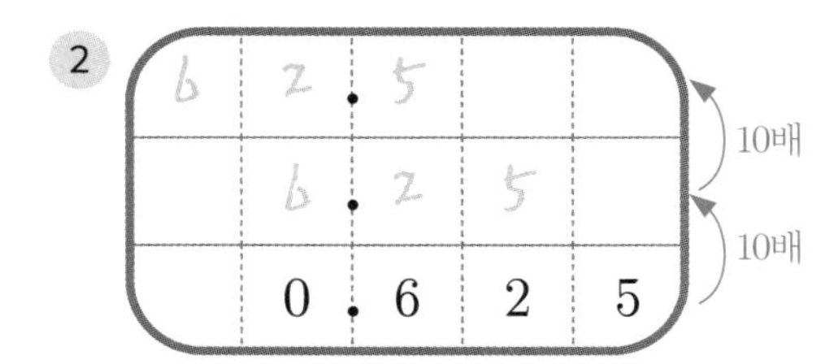

3
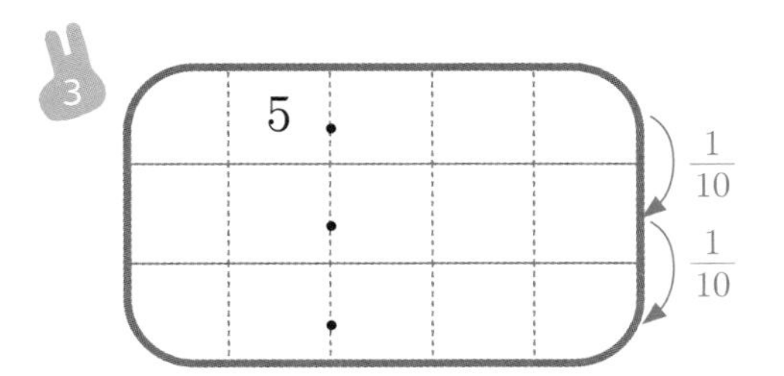

4
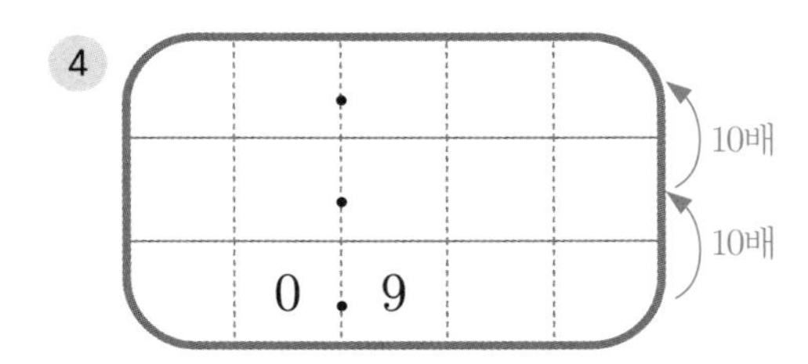

5
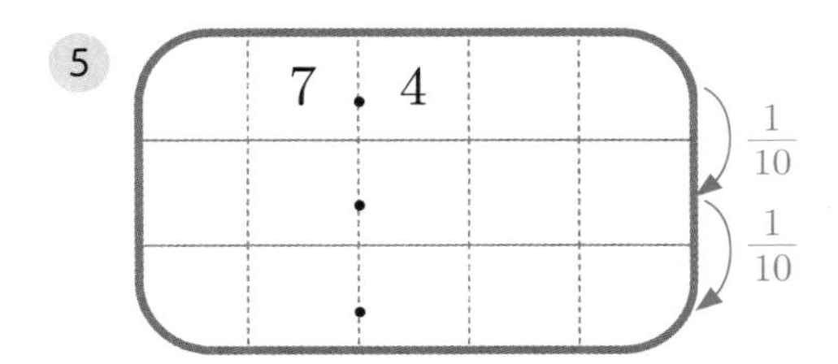

6
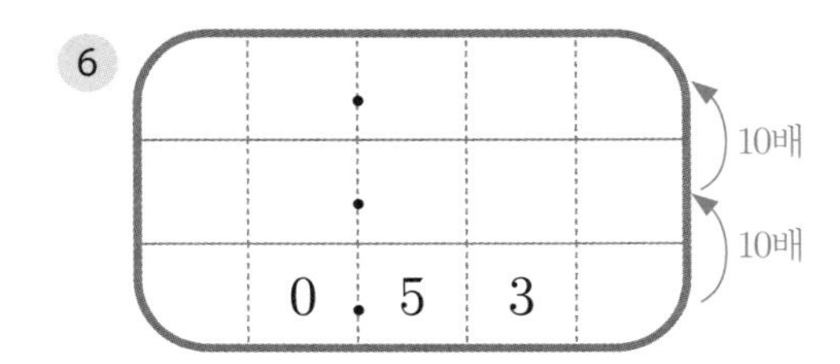

7
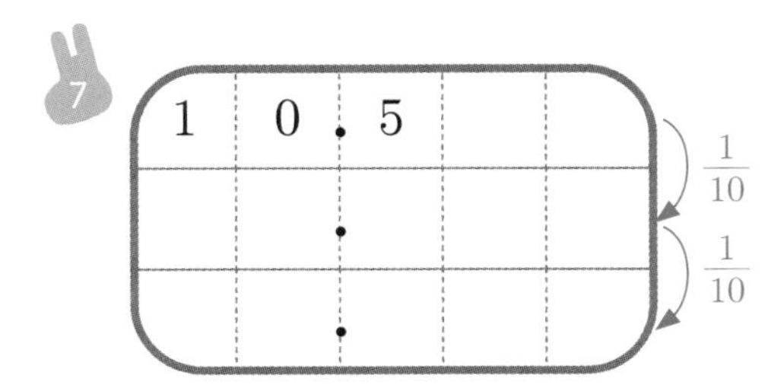

8
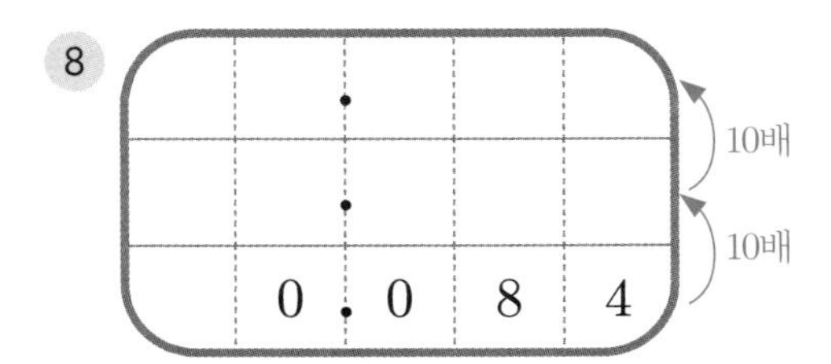

9
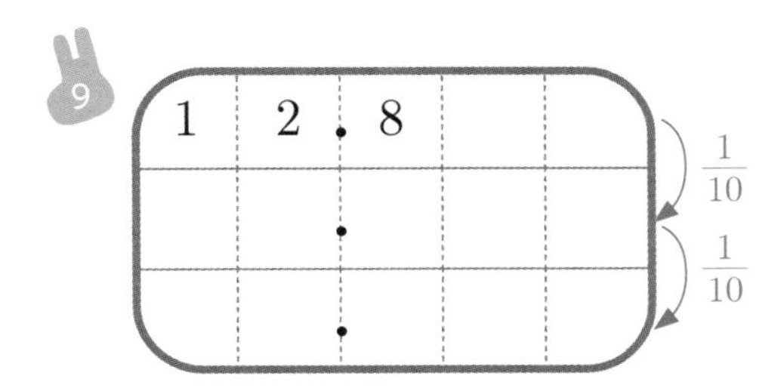

10
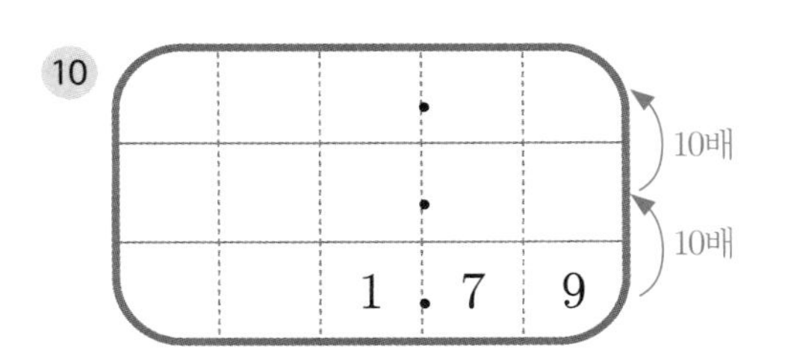

문제를 해결해 보세요.

1 한 봉지에 1.25 kg인 쌀 10봉지의 무게는 몇 kg인가요?

( ) kg

2 민서는 1.5 L짜리 주스의 $\frac{1}{10}$을 마셨습니다. 민서가 마신 주스는 몇 L인가요?

( ) L

3 서준이네 학교 급식의 오늘의 식단입니다. 발아현미밥 10인분을 만드는 데 발아현미쌀 1.8 kg이 필요하다고 합니다. 물음에 답하세요.

(1) 발아현미밥 1인분을 만드는 데 필요한 발아현미쌀은 몇 kg인가요?

( ) kg

(2) 발아현미밥 100인분을 만드는 데 필요한 발아현미쌀은 몇 kg인가요?

( ) kg

개념 다시보기

빈 곳에 알맞은 수를 써넣으세요.

1 0.049 →(10배)→ □ →(10배)→ □ →(10배)→ □

2 700 →($\frac{1}{10}$)→ □ →($\frac{1}{10}$)→ □ →($\frac{1}{10}$)→ □

3 7.04의 10배는 □ 입니다.

4 15의 $\frac{1}{10}$은 □ 입니다.

5 5.032의 100배는 □ 입니다.

6 2.9의 $\frac{1}{100}$은 □ 입니다.

7 8.951의 1000배는 □ 입니다.

8 16의 $\frac{1}{1000}$은 □ 입니다.

9

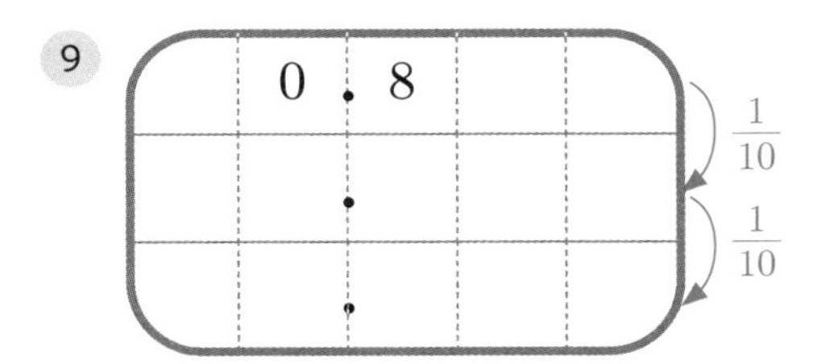

10

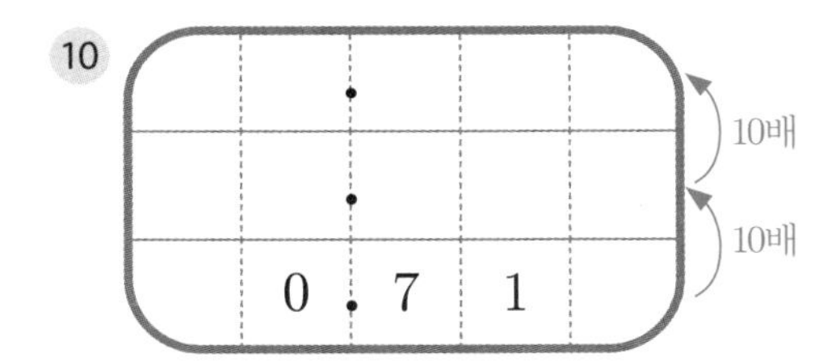

도전해 보세요

1 ㉠이 나타내는 수는 ㉡이 나타내는 수의 몇 배인가요?

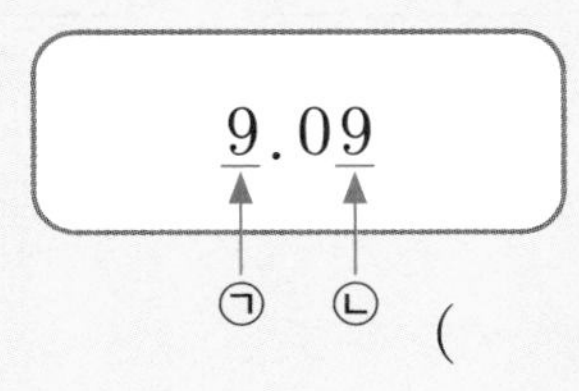

(　　　　　　　　)배

2 계산해 보세요.

(1) 1.4+2.5=

(2) 3.7+0.2=

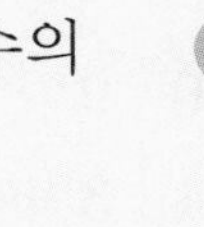

15단계 소수 한 자리 수의 덧셈

개념연결

2-1덧셈과 뺄셈	3-1분수와 소수		4-2소수의 덧셈과 뺄셈
받아올림이 한 번 있는 덧셈	소수 한 자리 수	소수 한 자리 수의 덧셈	소수 한 자리 수의 뺄셈
35+39=74	$\frac{5}{10}$=0.5	1.3+2.4=3.7	2.4−1.3=1.1

배운 것을 기억해볼까요?

1 (1) 26+55=

(2) 9+14=

2 (1) 1.6은 0.1이 ☐개

(2) 0.1이 12인 수 ➡ ☐

소수 한 자리 수의 덧셈을 할 수 있어요.

30초 개념 소수 한 자리 수의 덧셈은 소수점의 자리를 맞추고 자연수의 덧셈과 같은 방법으로 더해요.

0.9+1.3의 계산

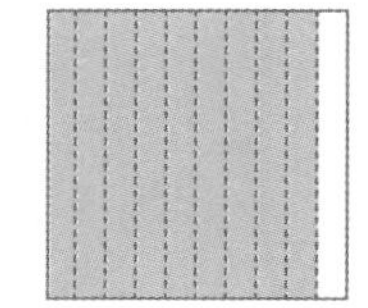

0.9는 0.1이 9개

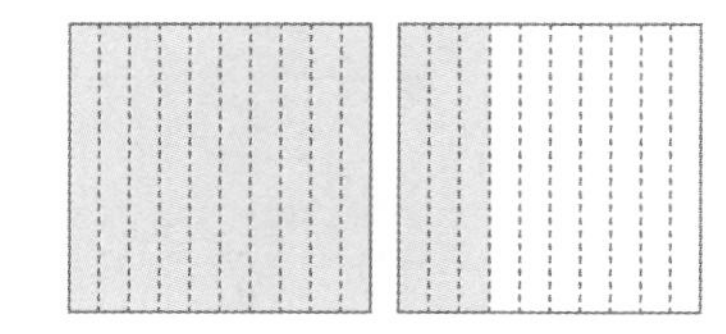

1.3은 0.1이 13개

➡

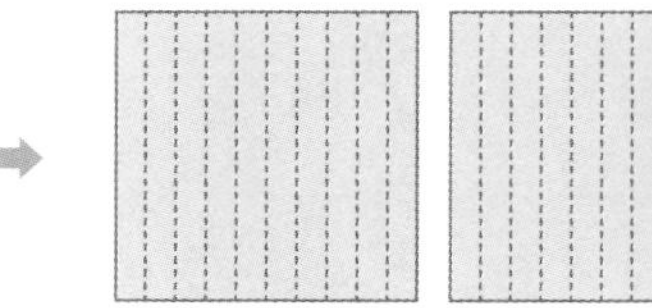

0.9+1.3은 0.1이 22개이므로 2.2예요.

이런 방법도 있어요!

소수점의 자리를 맞추어 세로로 쓰고 같은 자리 수끼리 더한 후 소수점을 그대로 내려 찍어요.

$$\begin{array}{r} 0.9 \\ +\ 1.3 \\ \hline \end{array} \Rightarrow \begin{array}{r} {}^{1}\ \ \\ 0.9 \\ +\ 1.3 \\ \hline 2 \end{array} \Rightarrow \begin{array}{r} {}^{1}\ \ \ \ \\ 0.9 \\ +\ 1.3 \\ \hline 2\ 2 \end{array} \Rightarrow \begin{array}{r} 0.9 \\ +\ 1.3 \\ \hline 2.2 \end{array}$$

소수점의 자리를 맞추어 써요. / 9+3=12 / 1+1=2 / 소수점을 그대로 내려 찍어요.

 계산해 보세요.

1
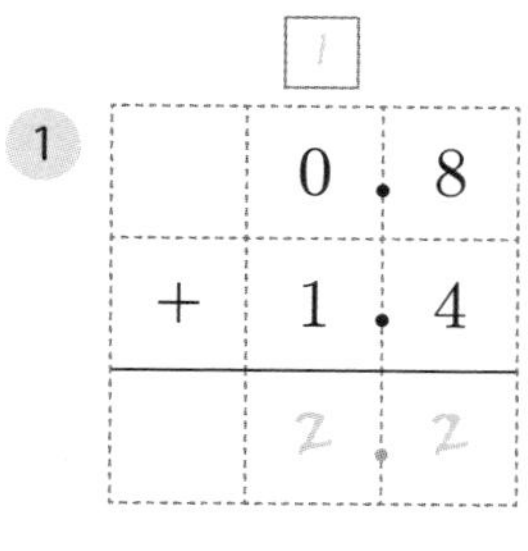

	0 .	8
+	1 .	4
	2 .	2

2

	0 .	8
+	0 .	1
	0 .	9

3

	0 .	3
+	0 .	3

4

	0 .	7
+	0 .	8

5

	3 .	6
+	2 .	3

6

	2 .	4
+	4 .	2

7

	2 .	1
+	4 .	5

8

	2 .	2
+	2 .	6

9

	1 .	2
+	0 .	9

10

	3 .	5
+	5 .	8

11

	7 .	2
+	1 .	9

12

	3 .	5
+	8 .	6

13
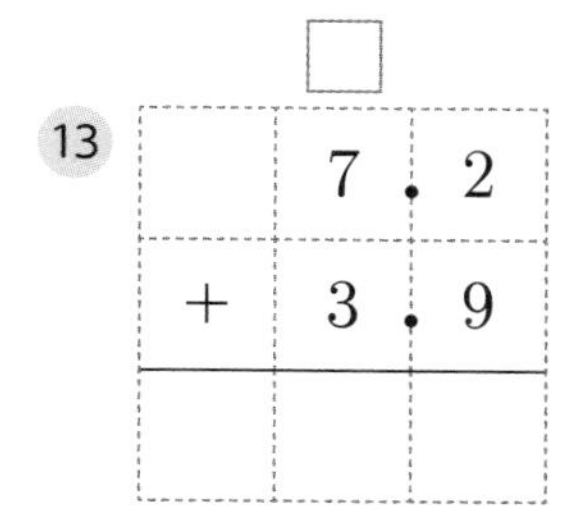

	7 .	2
+	3 .	9

14

	2 .	7
+	9 .	9

개념 다지기

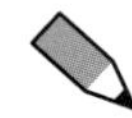 계산해 보세요.

1

	0 .	2
+	0 .	1

2

	0 .	2
+	0 .	3

3

	2 .	1
+	0 .	4

4

	0 .	1
+	3 .	2

5

	4 .	3
+	2 .	5

6

	4 .	1
+	4 .	4

7

	0 .	1
+	0 .	9

8

	0 .	8
+	0 .	3

9

	0 .	9
+	3 .	5

10

	0 .	3
+	5 .	9

11

	0 .	6
+	5 .	8

12

	2	7
+	4	3

13

	4 .	2
+	2 .	9

14

	7 .	4
+	3 .	2

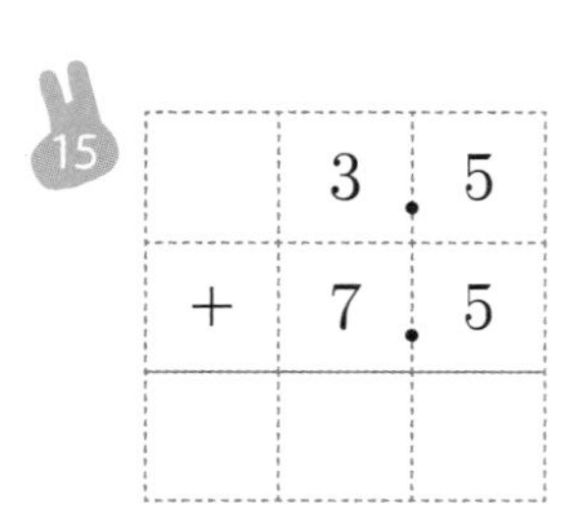

15

	3 .	5
+	7 .	5

계산해 보세요.

1 $0.5 + 0.4$

	0	.5
+	0	.4

2 $1.4 + 0.3$

3 $1.5 + 2.1$

4 $0.9 + 0.9$

5 $27 + 9$

6 $0.7 + 6.4$

7 $3.7 + 5.4$

8 $2.4 + 3.9$

9 $3.8 + 4.9$

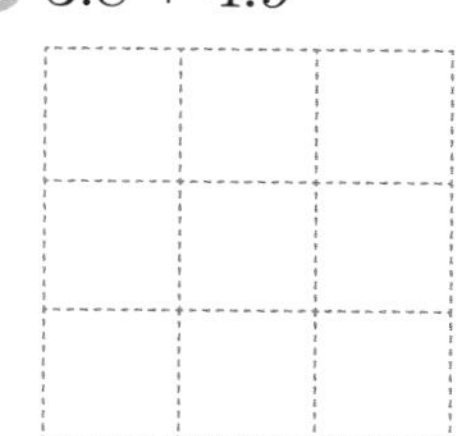

10 $5.4 + 6.8$

11 $8.7 + 4.5$

12 $5.1 + 8.8$

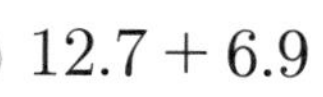

13 $12.7 + 6.9$

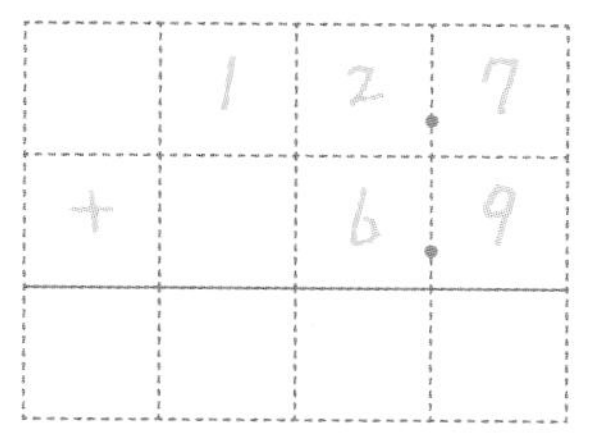

14 $17.2 + 10.9$

15 $6.4 + 20.7$

문제를 해결해 보세요.

1 서준이와 아버지는 고구마를 캤습니다. 서준이는 5.2 kg을 캤고, 아버지는 서준이보다 4.9 kg을 더 캤습니다. 아버지가 캔 고구마는 몇 kg인가요?

식 ____________________ 답 ____________ kg

2 민서가 마트에서 900 mL짜리 우유 2개를 샀습니다.
민서가 산 우유의 양은 모두 몇 L인가요?

식 ____________________ 답 ____________ L

3 강준이네 가족이 등산을 하려고 합니다. 그림을 보고 물음에 답하세요.

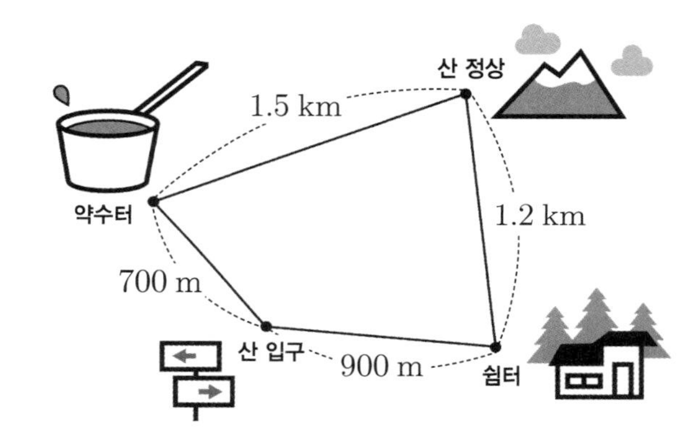

(1) 산 입구에서 쉼터를 거쳐 산 정상으로 올라가면 이동 거리는 모두 몇 km인가요?

식 ____________________ 답 ____________ km

(2) 산 입구에서 약수터를 거쳐 산 정상으로 올라가면 이동 거리는 모두 몇 km인가요?

식 ____________________ 답 ____________ km

(3) 산 입구에서 쉼터를 거쳐 산 정상에 오른 다음, 약수터를 거쳐 산 입구까지 내려오면 이동 거리는 모두 몇 km인가요?

식 ____________________ 답 ____________ km

개념 다시보기

계산해 보세요.

1)
	0.	3
+	0.	4

2)
	0.	5
+	0.	8

3)
	0.	9
+	0.	5

4)
	0.	8
+	9.	3

5)
	3.	2
+	0.	9

6)
	0.	3
+	2.	8

7)
	4.	6
+	1.	7

8)
	4.	8
+	4.	3

9)
	4.	9
+	3.	5

10)
	6.	6
+	6.	6

11)
	7.	3
+	3.	7

12)
	9.	9
+	9.	9

도전해 보세요

1 □ 안에 알맞은 수를 써넣으세요.

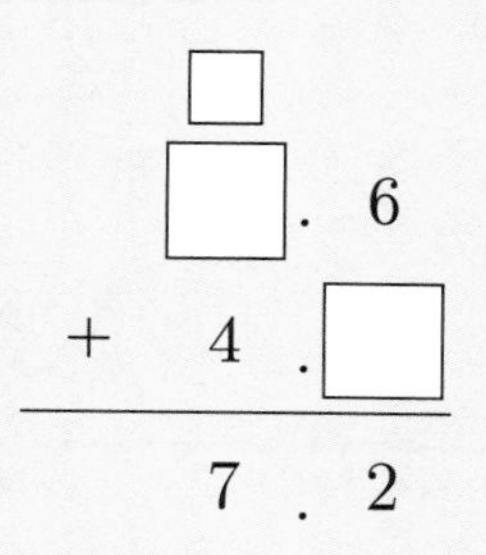

2 계산해 보세요.

(1) 0.24+2.52=

(2) 3.01+1.75=

16단계 소수 두 자리 수의 덧셈

개념연결

4-2소수의 덧셈과 뺄셈
소수 두 자리 수
$\frac{55}{100}$=0.55

4-2소수의 덧셈과 뺄셈
소수 한 자리 수의 덧셈
1.3+2.4=3.7

소수 두 자리 수의 덧셈
1.76+2.23=3.99

4-2소수의 덧셈과 뺄셈
소수 두 자리 수의 뺄셈
4.65−2.41=2.24

배운 것을 기억해 볼까요?

1 (1) 0.1이 4, 0.01이 9인 수 ➡ ☐

(2) 1이 6, 0.01이 8인 수 ➡ ☐

2 (1) 5.5+5.5=

(2) 10.4+0.7=

소수 두 자리 수의 덧셈을 할 수 있어요.

30초 개념 소수 두 자리 수의 덧셈은 소수점의 자리를 맞추고 자연수의 덧셈과 같은 방법으로 더해요.

0.85+0.37의 계산

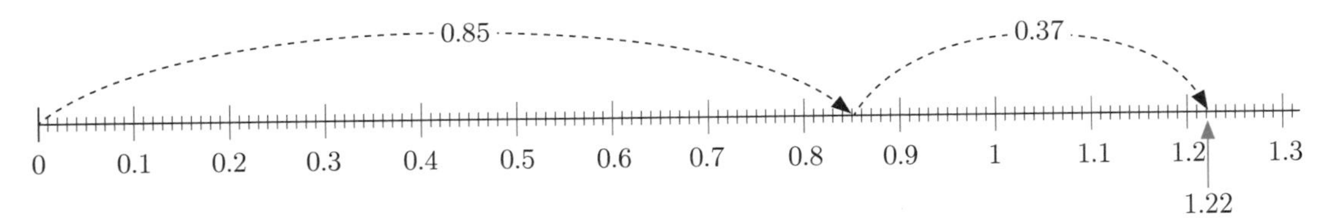

① 소수 둘째 자리 계산 ② 소수 첫째 자리 계산 ③ 일의 자리 계산

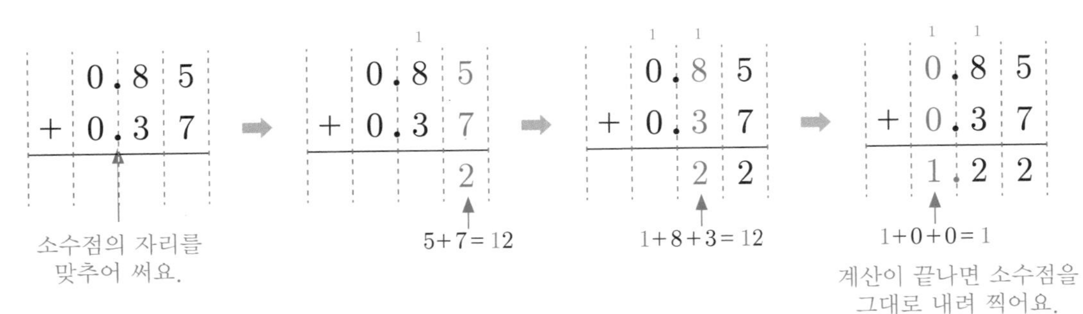

계산해 보세요.

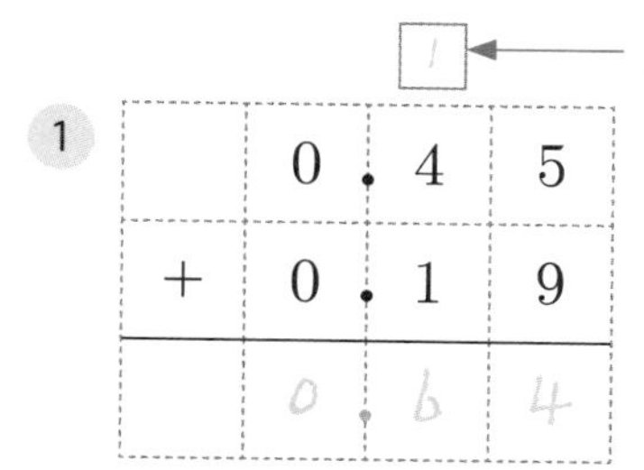

1 (받아올림: 1)

	0 .	4	5
+	0 .	1	9
	0 .	6	4

2 (받아올림: 1, 1)

	2 .	2	4
+	5 .	7	7
	8 .	0	1

소수점을 그대로
내려 찍어요.

3

	0 .	3	4
+	0 .	2	3

4

	0 .	5	1
+	2 .	3	2

5

	3 .	5	0
+	0 .	4	8

6

	2 .	5	1
+	7 .	2	4

7

	3 .	2	7
+	1 .	5	2

8

	3 .	6	4
+	2 .	3	5

9 (□ □)

	0 .	3	4
+	0 .	8	6

10 (□)

	0 .	9	3
+	0 .	8	6

11 (□ □)

	0 .	8	4
+	3 .	8	7

12 (□)

	1 .	2	3
+	2 .	4	7

13 (□ □)

	0 .	8	8
+	0 .	1	2

14 (□ □)

	2 .	9	8
+	3 .	1	8

개념 다지기

계산해 보세요.

1

	0.	5	4
+	0.	1	2

2

	4.	1	7
+	0.	6	1

3

	0.	8	6
+	2.	1	3

4

	0.	7	2
+	0.	6	7

5

	4	3	8
−		5	2

6

	0.	5	2
+	7.	9	1

7

	4.	5	9
+	3.	3	3

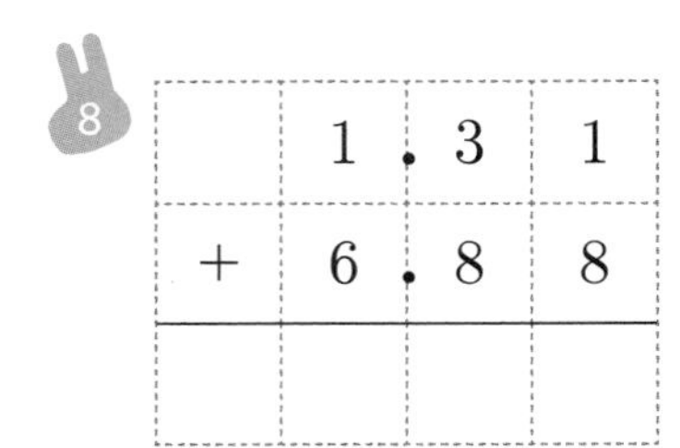

8

	1.	3	1
+	6.	8	8

9

	4.	2	7
+	3.	6	3

10

	3.	7	8
+	4.	1	7

11

	1.	6	1
+	7.	6	2

12

	5	2	4
−	3	6	7

13

	4	3	2
+	1	6	8

14

	0.	4	2
+	4.	6	9

15

	4.	7	8
+	0.	7	9

16

	5.	7	6
+	3.	7	9

17

	1.	6	8
+	7.	6	4

18

	3.	8	9
+	4.	9	9

계산해 보세요.

1 $0.74+0.25$

	0	.7	4
+	0	.2	5

2 $2.28+0.61$

3 $0.04+3.85$

4 $0.84+0.31$

5 $2.25+0.94$

6 $411-137$

7 $0.92+3.22$

8 $1.71+7.61$

9 $6.09+1.25$

10 $0.84+0.77$

11 $377-55$

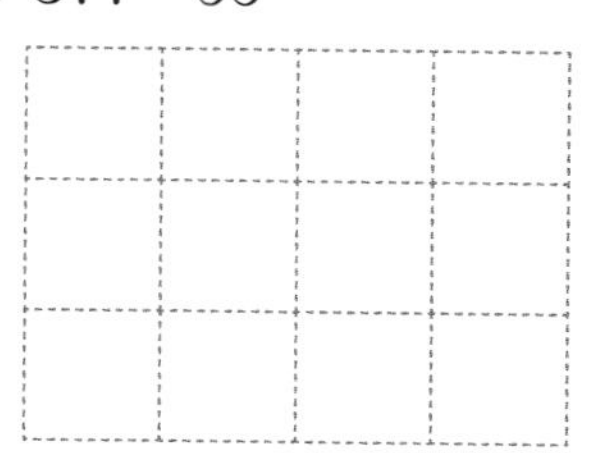

12 $0.79+7.62$

13 $2.13+3.94$

14 $6.08+1.97$

15 $5.37+2.64$

문제를 해결해 보세요.

1 서준이는 우유를 아침에 0.34 L, 저녁에 0.57 L 마셨습니다.
서준이가 마신 우유는 모두 몇 L인가요?

식 ______________________ 답 ____________ L

2 서준이와 태형이가 몸무게를 재었습니다. 서준이의 몸무게는 40.35 kg이었고, 태형이는 서준이보다 2.76 kg 더 무거웠습니다. 태형이의 몸무게는 몇 kg인가요?

식 ______________________ 답 ____________ kg

3 오늘의 페소(필리핀), 위안(중국), 타이완 달러(타이완)의 환율입니다. 그림을 보고 물음에 답하세요.

(1) 1페소와 1위안을 우리나라 돈으로 환전하면 모두 얼마인가요?

식 ______________________ 답 ____________ 원

(2) 1위안과 1달러를 우리나라 돈으로 환전하면 모두 얼마인가요?

식 ______________________ 답 ____________ 원

환전이란?
우리나라 돈을 외국 돈으로 바꾸는 것이고
환율이란?
환전할 때 우리나라 돈과
외국 돈의 교환 비율이에요.

개념 다시보기

계산해 보세요.

1

	0 .	4	3
+	0 .	4	5

2

	0 .	2	1
+	7 .	7	8

3

	4 .	2	1
+	0 .	7	2

4

	0 .	1	1
+	0 .	7	9

5

	0 .	8	4
+	5 .	4	5

6

	9 .	4	5
+	0 .	4	5

7

	5 .	1	3
+	3 .	7	8

8

	1 .	5	6
+	7 .	7	2

9

	4 .	7	3
+	2 .	1	7

10

	1 .	6	2
+	3 .	4	9

11

	1 .	8	6
+	2 .	4	5

12

	4 .	5	4
+	4 .	5	8

도전해 보세요

1 계산 결과를 비교하여 ◯ 안에 >, =, < 를 알맞게 써넣으세요.

$2.62+2.88$ ◯ $2.88+2.62$

2 계산이 잘못된 곳을 찾아 바르게 계산해 보세요.

$$\begin{array}{r} 3.75 \\ +\quad 2.4 \\ \hline 3.99 \end{array}$$

➡ ☐

자릿수가 다른
17단계 소수의 덧셈

개념연결

3-1분수와 소수	4-2소수의 덧셈과 뺄셈		4-2소수의 덧셈과 뺄셈
소수 두 자리 수	소수 두 자리 수의 덧셈	자릿수가 다른 소수의 덧셈	소수 두 자리 수의 뺄셈
$\frac{24}{100}$=0.24	1.76+2.23=3.99	2.7+6.72=9.42	7.24−3.76=3.48

배운 것을 기억해 볼까요?

1 (1) 0.01이 72인 수 ➡ ☐

(2) 7.25=7+☐+☐

2 (1) 4.73+2.48=

(2) 6.52+3.49=

자릿수가 다른 소수의 덧셈을 할 수 있어요.

30초 개념 자릿수가 다른 소수의 덧셈은 소수점의 자리를 맞추고 오른쪽 빈 자리에 0을 써서 자릿수를 같게 한 후 자연수의 덧셈과 같은 방법으로 더해요.

0.84+0.2의 계산

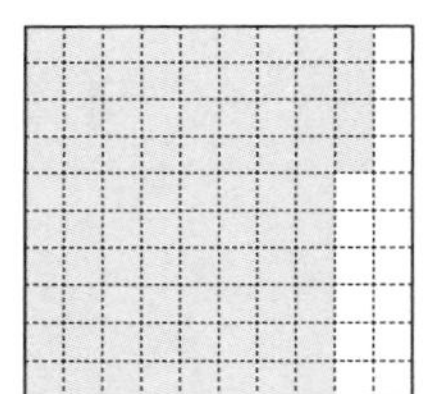

0.84는 0.01이 84개

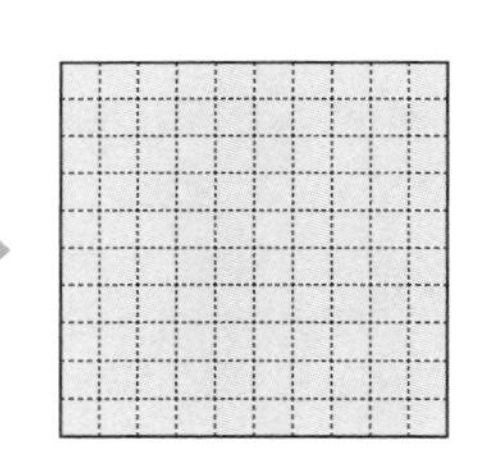

0.2는 0.01이 20개

➡

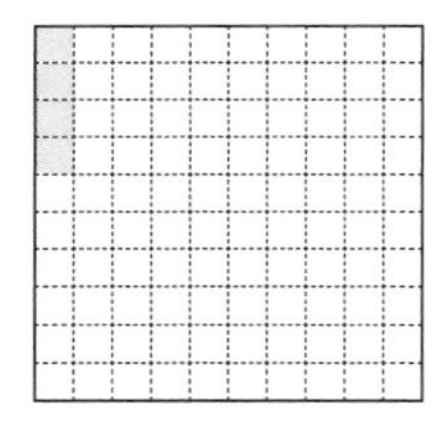

0.84+0.2는 0.01이 104개 이므로 1.04예요.

$$\begin{array}{r} 0.84 \\ +\ 0.2 \\ \hline \end{array} \Rightarrow \begin{array}{r} 0.84 \\ +\ 0.20 \\ \hline \end{array} \Rightarrow \begin{array}{r} \overset{1}{0}.84 \\ +\ 0.20 \\ \hline 1\ 0\ 4 \end{array} \Rightarrow \begin{array}{r} 0.84 \\ +\ 0.20 \\ \hline 1.04 \end{array}$$

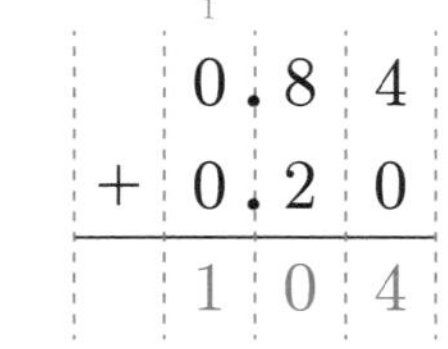

소수점의 자리를 맞추어 써요.

끝자리에 0이 있는 것으로 생각해요.

자연수의 덧셈과 같은 방법으로 더해요.

소수점을 그대로 내려 찍어요.

개념 익히기

계산해 보세요.

1
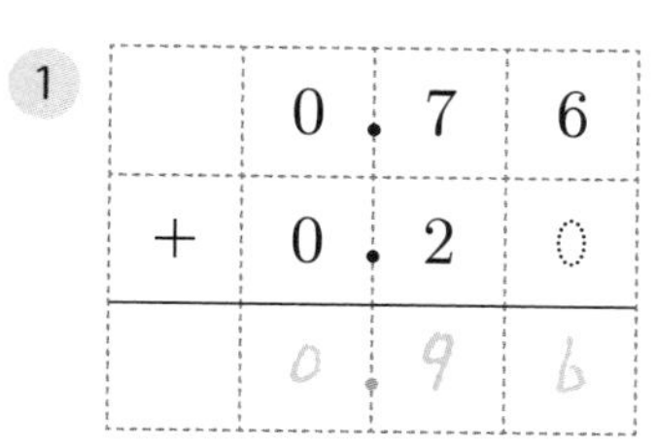

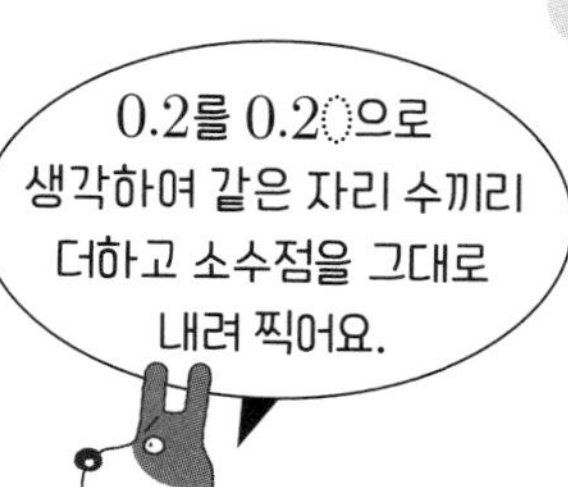

2

	1		
	1.	8	6
+	2.	3	0
	4.	1	6

3

	0.	4	5
+	0.	5	

4

	1.	4	
+	0.	2	5

5

	0.	2	5
+	7.	1	

6

	□		
	0.	7	
+	0.	5	1

7

	□		
	8.	4	
+	0.	7	9

8

	□		
	1.	8	2
+	3.	2	

9

	5.	5	4
+	1.	4	

10

	□		
	3.	6	6
+	4.	4	

11

	□		
	6.	7	
+	1.	9	4

12

	□		
	1.	9	4
+	3.	2	

13

	□		
	7.	8	4
+	1.	8	

14

	□		
	7.	6	5
+	4.	5	

개념 다지기

계산해 보세요.

1

	0.	2	
+	0.	5	4

2

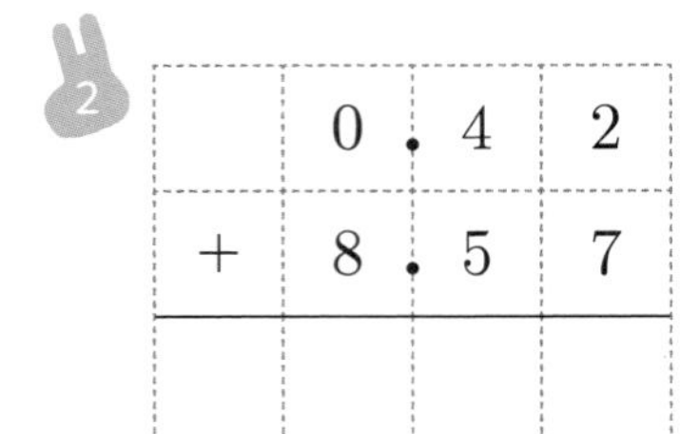

	0.	4	2
+	8.	5	7

3

	3.	7	
+	0.	1	4

4

	2.	2	
+	3.	6	1

5

	4.	2	4
+	5.	3	

6

	5.	2	9
+	3.	1	

7

	0.	2	
+	0.	8	1

8

	3.	7	
+	5.	4	5

9

	2	9	4
+	1	7	3

10

	2.	7	6
+	6.	6	

11

	6.	3	2
+	1.	9	

12

	3.	8	6
+	3.	6	

13

	2	3	9
+		8	9

14

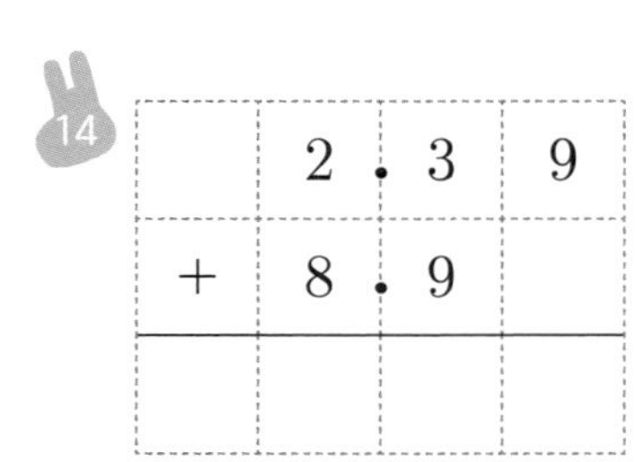

	2.	3	9
+	8.	9	

15

	6.	4	2
+	5.	9	

계산해 보세요.

1 $0.7 + 3.12$

2 $0.74 + 2.1$

3 $1.5 + 0.49$

4 $2.67 + 4.8$

5 $3.4 + 4.62$

6 $5.24 + 3.9$

7 $6.1 + 1.98$

8 $7.85 + 1.9$

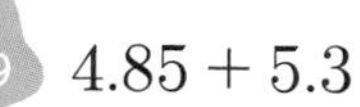
9 $4.85 + 5.3$

10 $7.6 + 5.61$

11 $9.86 + 4.9$

12 $7.6 + 8.89$

개념 키우기

문제를 해결해 보세요.

1 서준이는 무게가 3.95 kg인 여행 가방에 여행 준비물 5.1 kg을 넣었습니다.
준비물을 넣은 여행 가방의 무게는 몇 kg인가요?

식 ______________________ 답 ____________ kg

2 민서는 밀가루 1.43 kg으로 케이크를 만들고, 0.8 kg으로 빵을 만들었습니다.
민서가 케이크와 빵을 만들기 위해 사용한 밀가루는 모두 몇 kg인가요?

식 ______________________ 답 ____________ kg

3 서준이와 강준이가 운동을 하며 먹는 단백질 식단입니다. 표를 보고 물음에 답하세요.

단백질 식단

음식(100 g)	소고기	닭 가슴살	두부	계란
단백질의 양 (g)	20.71	23.42	8.5	7.1

(1) 서준이는 운동 후 소고기 200 g과 두부 100 g을 먹었습니다.
서준이가 먹은 단백질의 양은 모두 몇 g인가요?

식 ______________________ 답 ____________ g

(2) 강준이는 운동 후 닭 가슴살 300 g과 계란 100 g을 먹었습니다.
강준이가 먹은 단백질의 양은 모두 몇 g인가요?

식 ______________________ 답 ____________ g

(3) 서준이와 강준이가 운동 후 먹은 단백질의 양은 모두 몇 g인가요?

식 ______________________ 답 ____________ g

개념 다시보기

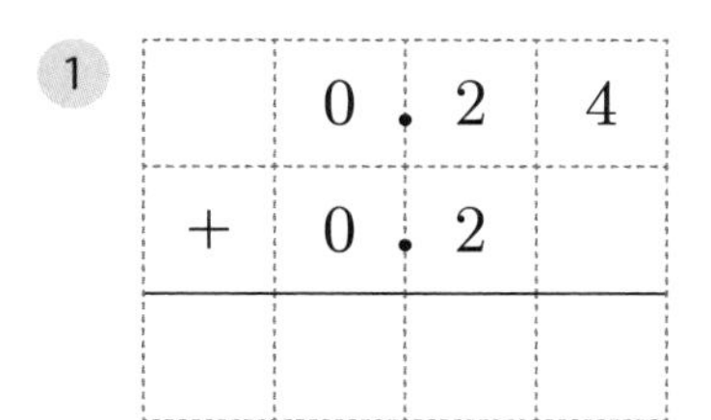

계산해 보세요.

①
	0.	2	4
+	0.	2	

②
	0.	3	4
+	6.	6	

③
	5.	5	
+	0.	4	5

④
	6.	3	7
+	3.	1	

⑤
	2.	1	9
+	5.	3	

⑥
	7.	4	
+	1.	0	4

⑦
	1.	7	5
+	5.	5	

⑧
	3.	8	4
+	2.	7	

⑨
	4.	4	
+	1.	9	8

⑩
	7.	6	9
+	4.	5	

⑪
	6.	4	
+	7.	8	7

⑫
	4.	9	
+	5.	2	4

도전해 보세요

① 빈칸에 알맞은 수를 써넣으세요.

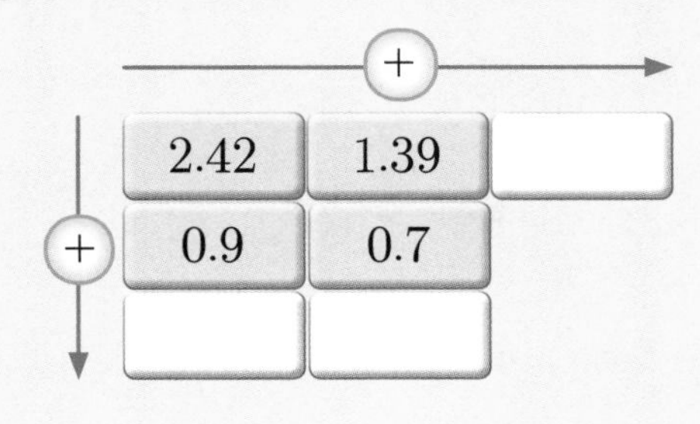

② 계산해 보세요.

(1) 2.3−1.2=

(2) 3.7−0.2=

18단계 소수 한 자리 수의 뺄셈

개념연결

3-1분수와 소수	4-2소수의 덧셈과 뺄셈		4-2소수의 덧셈과 뺄셈
소수 한 자리 수	소수 한 자리 수의 덧셈	소수 한 자리 수의 뺄셈	소수 두 자리 수의 뺄셈
$\frac{3}{10}$=0.3	2.7+6.7=9.4	2.7−1.5=1.2	1.28−0.77=0.51

배운 것을 기억해 볼까요?

1 (1) 1.5는 0.1이 ☐인 수

(2) 0.1이 32인 수 ➡ ☐

2 (1) 2.5+2.3=

(2) 0.9+1.4=

소수 한 자리 수의 뺄셈을 할 수 있어요.

30초 개념 소수 한 자리 수의 뺄셈은 소수점의 자리를 맞추고 자연수의 뺄셈과 같은 방법으로 빼요.

1.5−0.8의 계산

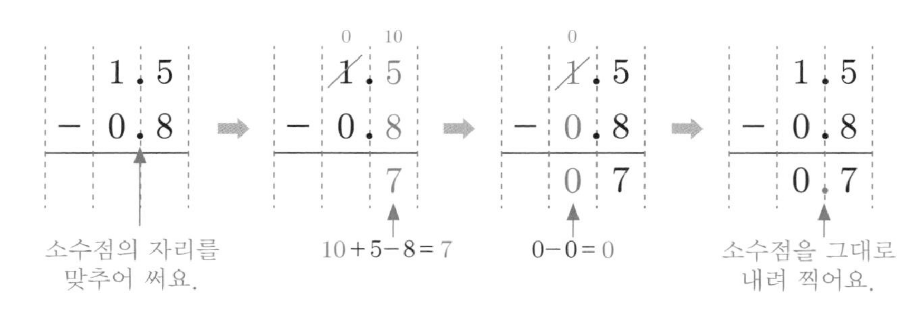

이런 방법도 있어요!

1.5는 0.1이 15개

0.8은 0.1이 8개

1.5−0.8은 0.1이 7개이므로 0.7

 계산해 보세요.

1

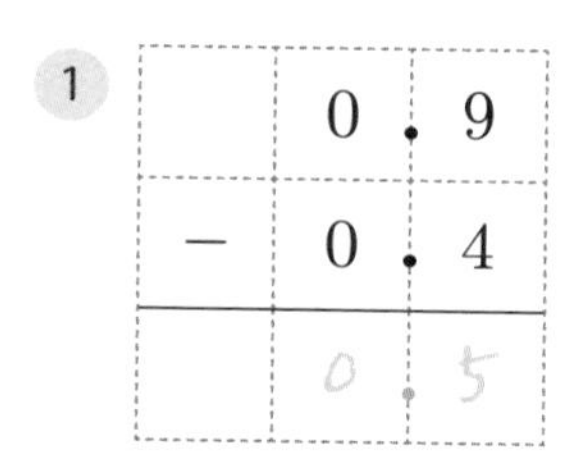

	0.	9
−	0.	4
	0.	5

2

	0	10
	1.	3
−	0.	5
	0.	8

3

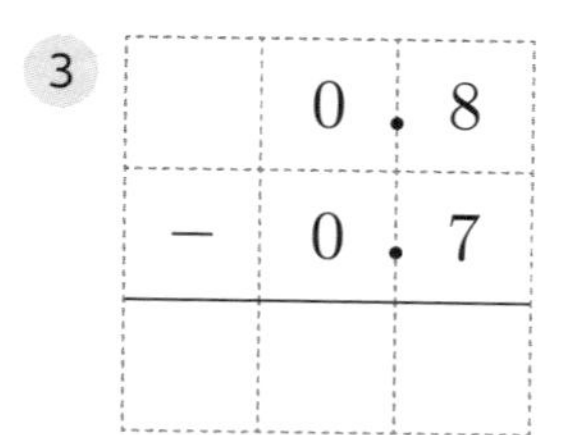

	0.	8
−	0.	7

4

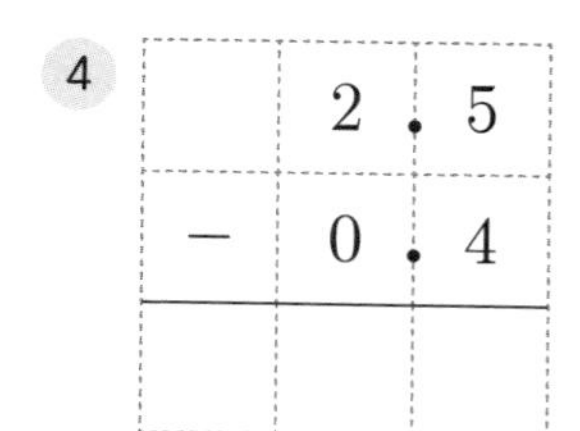

	2.	5
−	0.	4

5

	2.	9
−	0.	7

6

	3.	9
−	2.	5

7

	2.	6
−	1.	4

8

	8.	4
−	5.	1

9

	□	□
	1.	2
−	0.	9

10

	□	□
	4.	4
−	0.	8

11

	□	□
	3.	1
−	2.	9

12

	□	□
	6.	5
−	1.	8

13

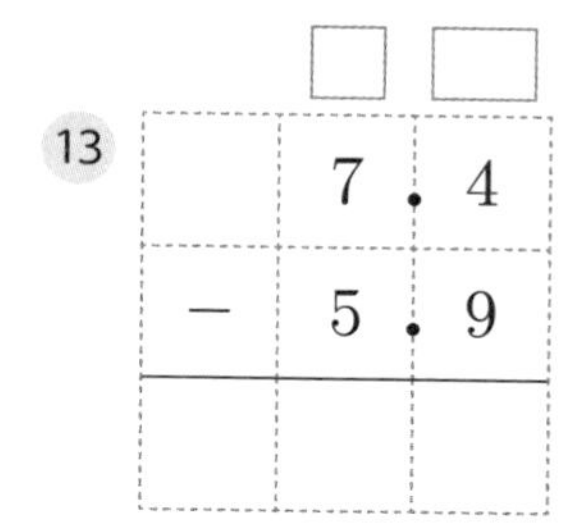

	□	□
	7.	4
−	5.	9

14

	□	□
	8.	6
−	7.	7

개념 다지기

계산해 보세요.

1

	0.	8
−	0.	6

2

	4.	9
−	0.	2

3

	2.	8
−	0.	6

4

	4.	4
−	0.	8

5

	3.	5
−	0.	9

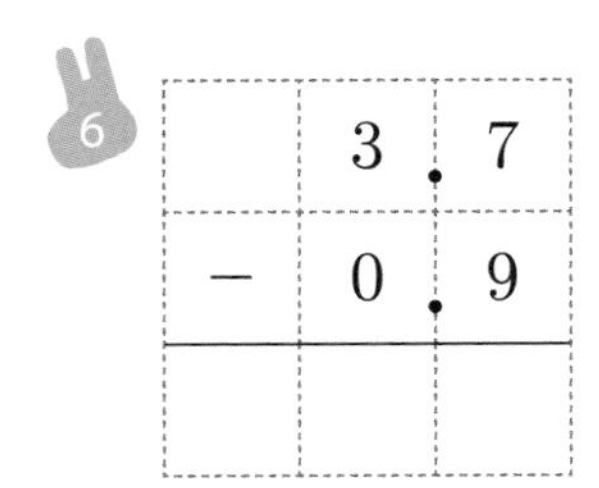

6

	3.	7
−	0.	9

7

	3.	7
+	2.	4

8

	3.	7
−	1.	9

9

	5.	5
−	4.	7

10

	6.	2
−	3.	6

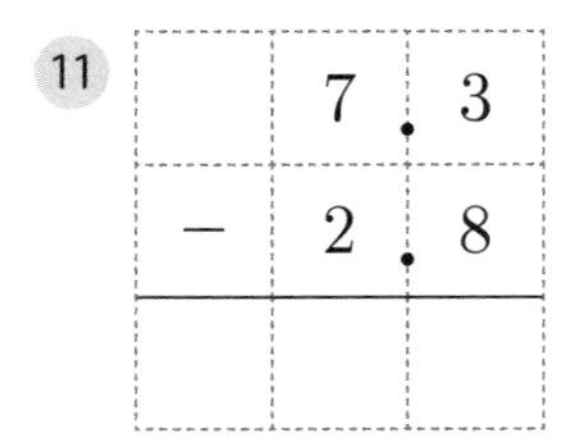

11

	7.	3
−	2.	8

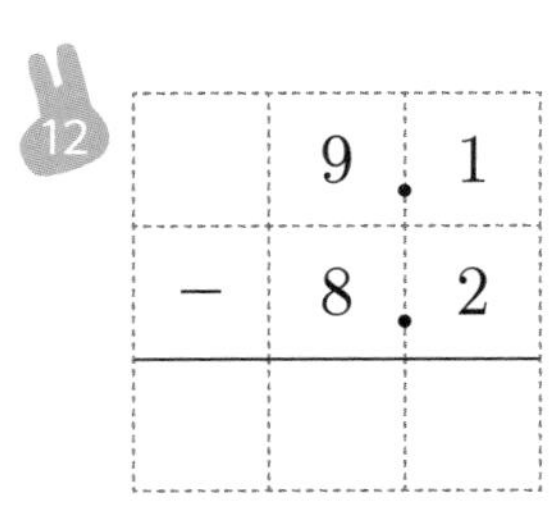

12

	9.	1
−	8.	2

13

	1	2.	8
−		5.	6

14

	1	5.	3
−		3.	6

15

	2	2.	3
−		8.	7

 계산해 보세요.

1 $0.7 - 0.4$

2 $3.6 - 0.5$

3 $4.9 - 0.8$

4 $2.7 - 0.9$

5 $3.2 - 0.4$

6 $2.1 - 0.2$

7 $3.3 - 1.4$

8 $4.2 - 1.9$

9 $6.3 + 1.8$

10 $5.8 - 4.9$

11 $8.6 - 4.9$

12 $8.2 - 6.8$

13 $11.6 - 2.3$

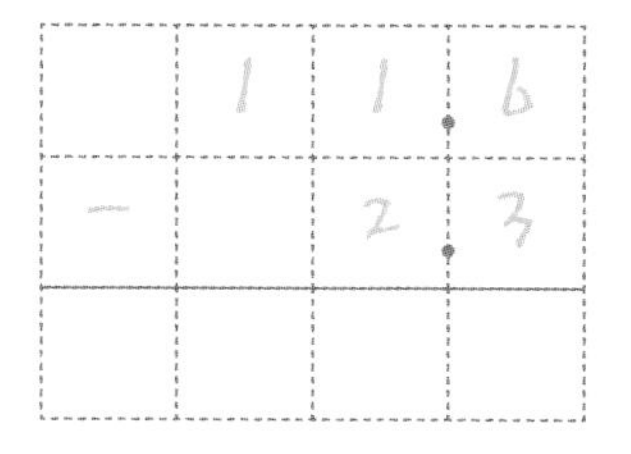

14 $16.5 - 4.9$

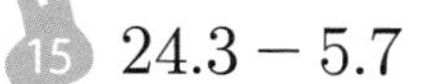

15 $24.3 - 5.7$

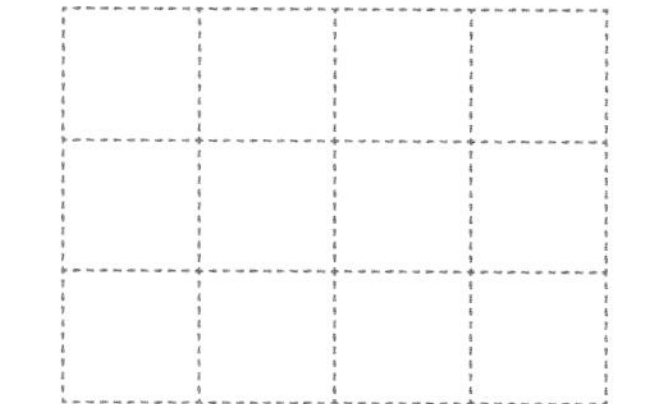

개념 키우기

문제를 해결해 보세요.

1 서준이는 1.2 L짜리 우유를 사서 0.5 L를 마셨습니다. 남은 우유는 몇 L인가요?

식 ______________________ 답 ____________ L

2 사과 한 상자는 5.3 kg, 배 한 상자는 4.8 kg입니다.
사과 한 상자는 배 한 상자보다 몇 kg 더 무거운가요?

식 ______________________ 답 ____________ kg

3 서준, 강준, 민서가 100 m 달리기를 했습니다. 표를 보고 물음에 답하세요.

100 m 달리기 기록

이름	기록
서준	17.8초
강준	18.4초
민서	19.2초

(1) 가장 빨리 달린 사람부터 순서대로 이름을 써 보세요.

(, ,)

(2) 서준이의 달리기 기록은 강준이의 달리기 기록보다 몇 초 더 빠른가요?

식 ______________________ 답 ____________ 초

(3) 서준이의 달리기 기록은 민서의 달리기 기록보다 몇 초 더 빠른가요?

식 ______________________ 답 ____________ 초

개념 다시보기

 계산해 보세요.

1
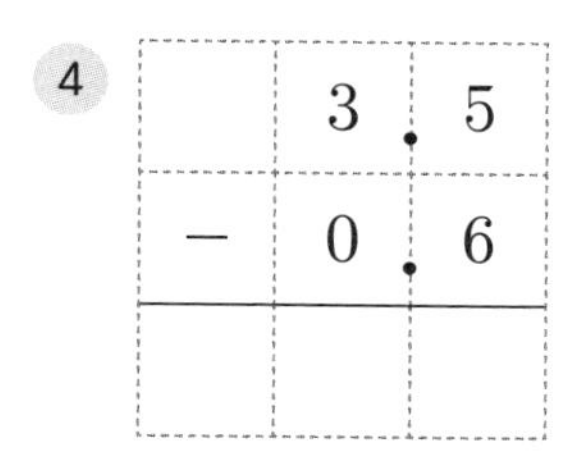

2
$$\begin{array}{r} 2.8 \\ -\ 0.5 \\ \hline \end{array}$$

3
$$\begin{array}{r} 3.7 \\ -\ 0.6 \\ \hline \end{array}$$

4
$$\begin{array}{r} 3.5 \\ -\ 0.6 \\ \hline \end{array}$$

5
$$\begin{array}{r} 4.1 \\ -\ 0.9 \\ \hline \end{array}$$

6
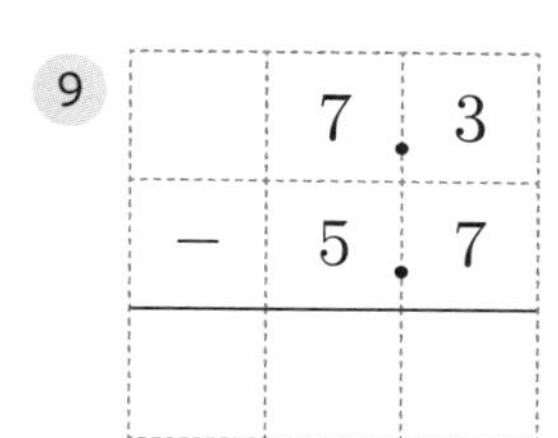

7
$$\begin{array}{r} 2.2 \\ -\ 1.3 \\ \hline \end{array}$$

8
$$\begin{array}{r} 4.2 \\ -\ 3.4 \\ \hline \end{array}$$

9
$$\begin{array}{r} 7.3 \\ -\ 5.7 \\ \hline \end{array}$$

10
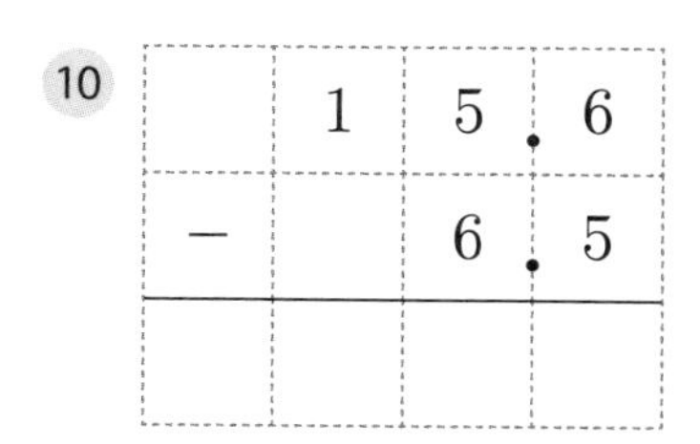

11
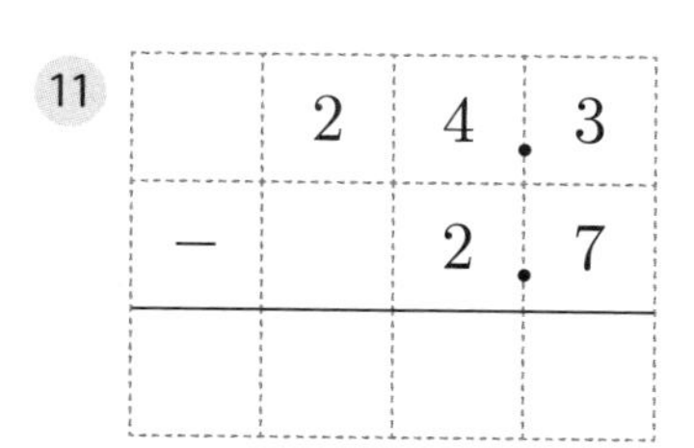

12
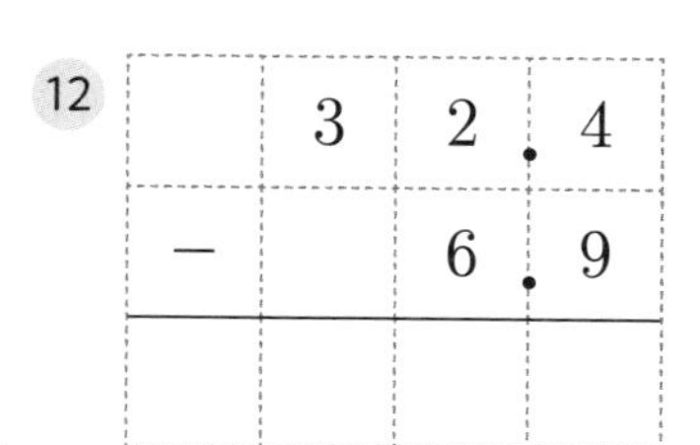

도전해 보세요

1 ㉠, ㉡이 나타내는 수의 차를 구해 보세요.

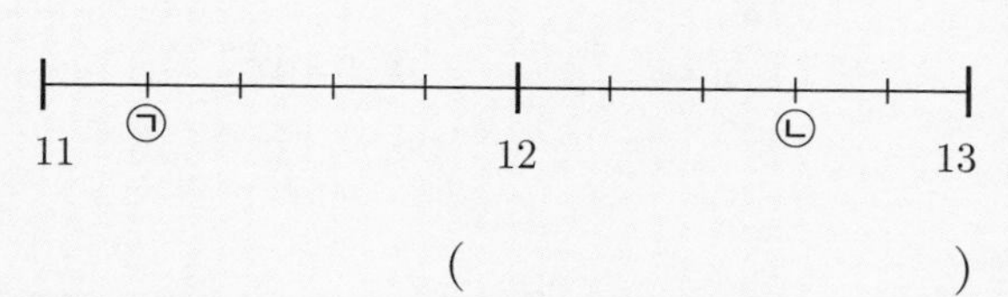

(   )

2 계산해 보세요.

(1) $3.85-2.03=$

(2) $4.36-1.25=$

19단계 소수 두 자리 수의 뺄셈

개념연결

4-2소수의 덧셈과 뺄셈	4-2소수의 덧셈과 뺄셈		4-2소수의 덧셈과 뺄셈
소수 두 자리 수의 덧셈	소수 한 자리 수의 뺄셈	소수 두 자리 수의 뺄셈	자릿수가 다른 소수의 뺄셈
2.14+3.24=5.38	1.4−0.3=1.1	1.28−0.77=0.51	2.7−1.83=0.87

배운 것을 기억해 볼까요?

1 (1) 1.46+2.13=

(2) 1.32+2.89=

(3) 3.18+2.98=

2 (1) 1.7−0.6=

(2) 1.2−0.5=

(3) 7.3−5.6=

소수 두 자리 수의 뺄셈을 할 수 있어요.

30초 개념 소수 두 자리 수의 뺄셈은 소수점의 자리를 맞추고 자연수의 뺄셈과 같은 방법으로 빼요.

1.25−0.67의 계산

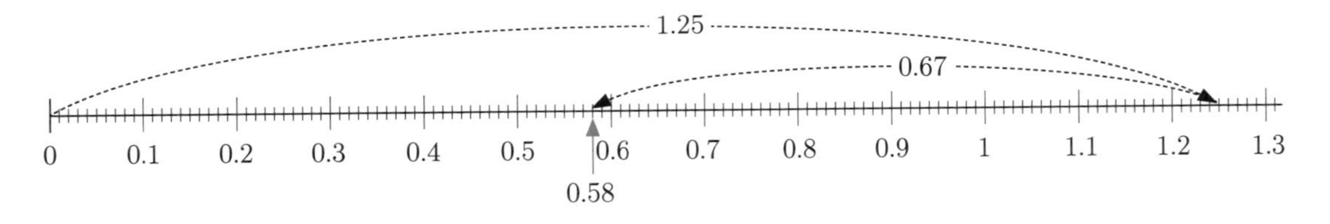

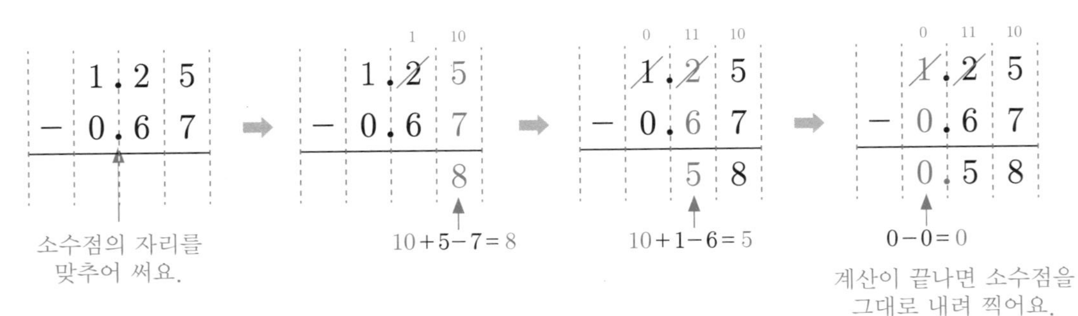

개념 익히기

계산해 보세요.

1

	0	. 5	4
−	0	. 4	1
	0	. 1	3

소수점을 그대로
내려 찍어요.

2

	1	11	10
	2	. 2	4
−	0	. 7	5
	1	. 4	9

3

	0	. 8	5
−	0	. 1	3

4

	3	. 6	5
−	0	. 1	3

5

	5	. 6	4
−	0	. 4	1

6

	3	. 8	4
−	2	. 2	8

7

	4	. 8	4
−	1	. 3	7

8

	5	. 8	6
−	3	. 3	8

9

	4	. 3	4
−	0	. 4	3

10

	5	. 4	9
−	2	. 6	5

11

	6	. 7	5
−	3	. 8	1

12

	7	. 2	8
−	2	. 6	9

13

	6	. 6	2
−	5	. 8	5

14

	9	. 3	5
−	4	. 9	6

개념 다지기

계산해 보세요.

1

	4.	6	8
−	0.	5	5

2

	5.	9	4
−	4.	8	4

3

	7.	8	7
−	6.	7	6

4

	6.	8	7
−	1.	5	8

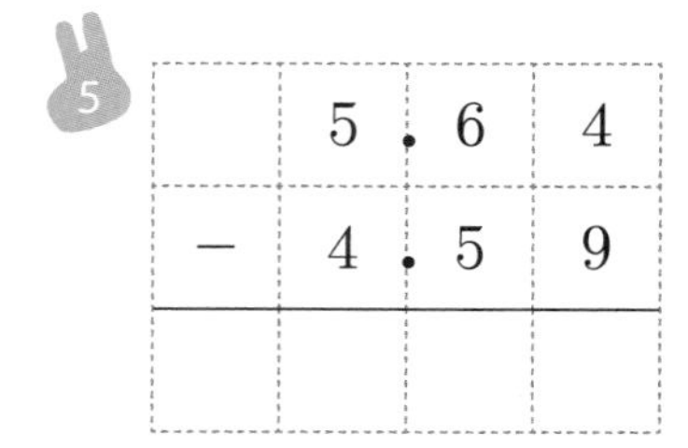

5

	5.	6	4
−	4.	5	9

6

	9.	7	2
−	6.	3	7

7

	3.	6	5
−	1.	8	2

8

	7.	4	9
−	4.	8	5

9

	4.	9	5
+	2.	6	7

10

	4.	6	6
−	3.	8	2

11

	6.	7	7
−	3.	8	2

12

	8.	3	5
−	7.	6	6

13

	2	6	1
−	1	8	3

14

	7.	4	1
−	4.	5	9

15

	7.	4	3
−	4.	5	5

 계산해 보세요.

1 0.62−0.31

	0	.6	2
−	0	.3	1

2 0.98−0.76

3 6.86−3.33

4 2.87−1.28

5 4.93−2.85

6 6.68−2.59

7 7.85−6.58

8 4.56−2.37

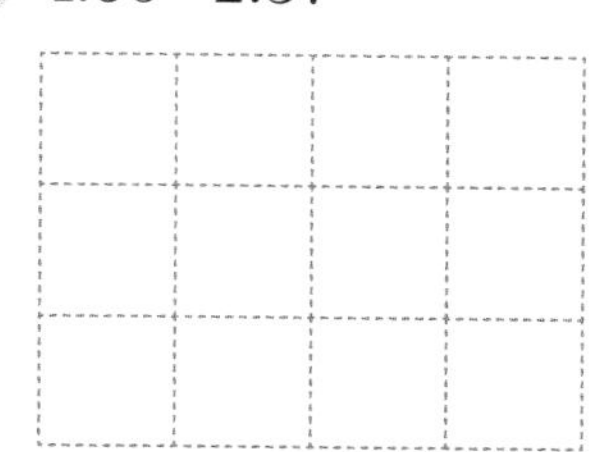

9 5.38−2.65

10 5.14−4.23

11 8.72−2.81

12 7.78−4.99

13 0.67+0.56

14 8.13−2.47

15 7.06−3.18

개념 키우기

문제를 해결해 보세요.

1 민서가 키우는 강아지의 몸무게는 5.28 kg이고, 고양이의 몸무게는 2.95 kg입니다. 강아지는 고양이보다 몇 kg 더 무겁나요?

식 ______________________ 답 ____________ kg

2 강준이네 자동차에 휘발유가 8.16 L 들어 있었습니다. 할머니 댁에 다녀온 후 휘발유가 3.29 L 남았으면, 사용한 휘발유는 몇 L인가요?

식 ______________________ 답 ____________ L

3 서준, 강준, 예서의 신체검사 결과표에서 몸무게를 나타낸 것입니다. 표를 보고 물음에 답하세요.

신체검사 결과표

이름	서준	강준	예서
몸무게	37.29 kg	35.43 kg	32.08 kg

(1) 몸무게가 가장 무거운 사람부터 순서대로 이름을 써 보세요.

(, ,)

(2) 서준이의 몸무게는 강준이의 몸무게보다 몇 kg 더 무겁나요?

식 ______________________ 답 ____________ kg

(3) 예서의 몸무게는 강준이의 몸무게보다 몇 kg 더 가볍나요?

식 ______________________ 답 ____________ kg

계산해 보세요.

1

	4	. 7	6
−	1	. 7	3

2

	6	. 3	4
−	4	. 2	4

3

	3	. 9	9
−	3	. 3	5

4

	4	. 6	3
−	2	. 2	8

5

	3	. 8	4
−	0	. 7	5

6

	2	. 9	4
−	0	. 8	9

7

	4	. 1	8
−	2	. 9	7

8

	6	. 2	8
−	3	. 6	7

9

	7	. 3	6
−	6	. 8	3

10

	5	. 1	4
−	3	. 6	9

11

	7	. 0	6
−	5	. 9	7

12

	8	. 1	2
−	1	. 3	4

도전해 보세요

1 계산 결과가 같은 것끼리 선으로 이어 보세요.

$0.42+0.19$ •	• $3.42-1.51$
$0.54+1.07$ •	• $0.85-0.24$
$0.31+1.6$ •	• $2.5-0.89$

2 계산해 보세요.

(1) $1.3-0.26=$

(2) $3.2-1.06=$

자릿수가 다른

20단계 소수의 뺄셈

개념연결

4-2소수의 덧셈과 뺄셈	4-2소수의 덧셈과 뺄셈		5-2소수의 곱셈
자릿수가 다른 소수의 덧셈	소수 두 자리 수의 뺄셈	자릿수가 다른 소수의 뺄셈	소수의 곱셈
0.4+0.63=1.03	1.25−0.67=0.58	2.7−1.83=0.87	30×1.4=42

배운 것을 기억해 볼까요?

1 (1) 0.42+0.6=

(2) 6.7+3.94=

(3) 3.17+4.2=

2 (1) 3.65−0.52=

(2) 4.84−2.37=

(3) 6.52−5.86=

자릿수가 다른 소수의 뺄셈을 할 수 있어요.

30초 개념 자릿수가 다른 소수의 뺄셈은 소수점의 자리를 맞추고 오른쪽 빈 자리에 0을 써서 자릿수를 같게 한 후 자연수의 뺄셈과 같은 방법으로 빼요.

1.3−0.85의 계산

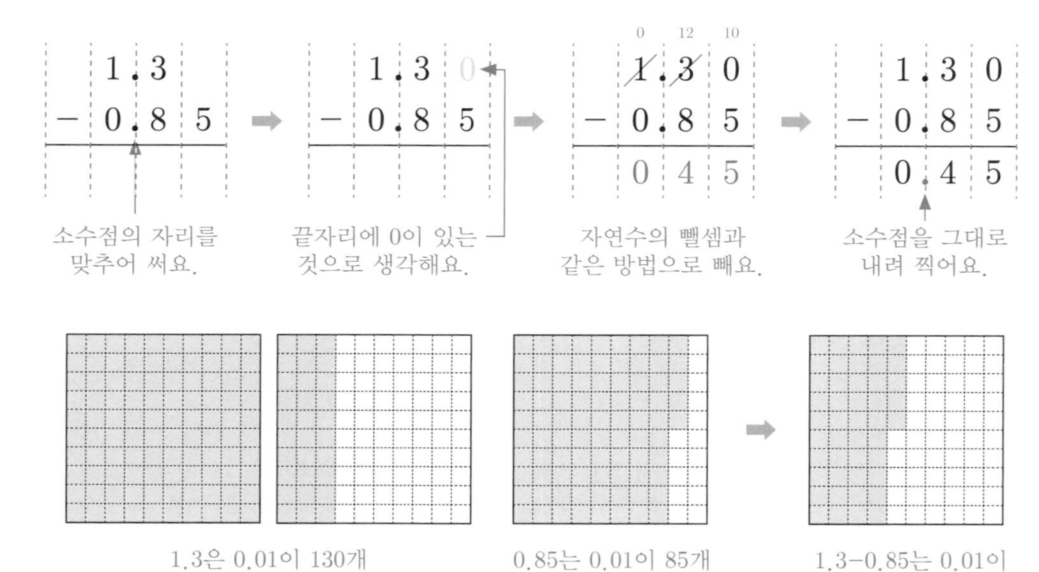

1.3은 0.01이 130개

0.85는 0.01이 85개

1.3−0.85는 0.01이 45개이므로 0.45

개념 익히기

 계산해 보세요.

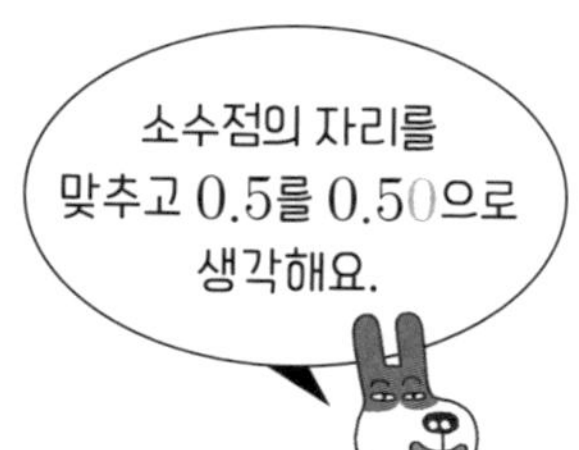

1

	0	. 8	4
−	0	. 5	0
	0	. 3	4

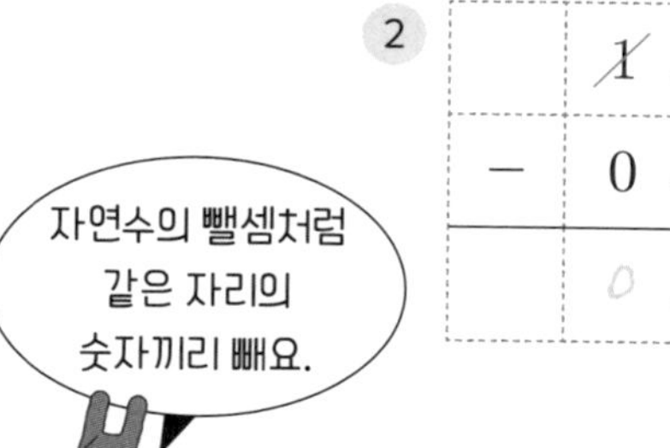

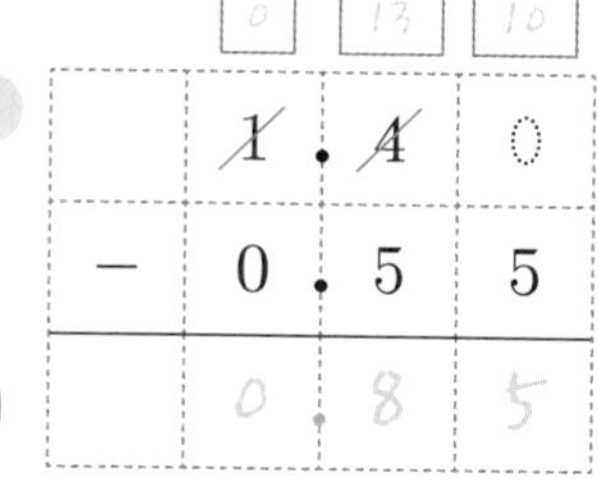

2

	0	13	10
	1	. 4	0
−	0	. 5	5
	0	. 8	5

3

	0	. 6	2
−	0	. 4	

4

	2	. 8	3
−	0	. 8	

5

	3	. 7	3
−	2	. 5	

6

	3	. 7	2
−	0	. 9	

7

	5	. 5	7
−	4	. 7	

8

	7	. 2	9
−	3	. 6	

9

	0	. 8	
−	0	. 7	5

10

	4	. 6	
−	2	. 2	9

11

	6	. 7	
−	4	. 5	4

12

	3	. 4	
−	2	. 6	9

13

	7	. 2	
−	3	. 7	4

14

	8	. 5	
−	5	. 9	8

개념 다지기

계산해 보세요.

1

	0.	5	3
−	0.	5	

2

	4.	7	9
−	0.	4	

3

	5.	5	7
−	3.	3	

4

	2.	3	1
−	1.	5	

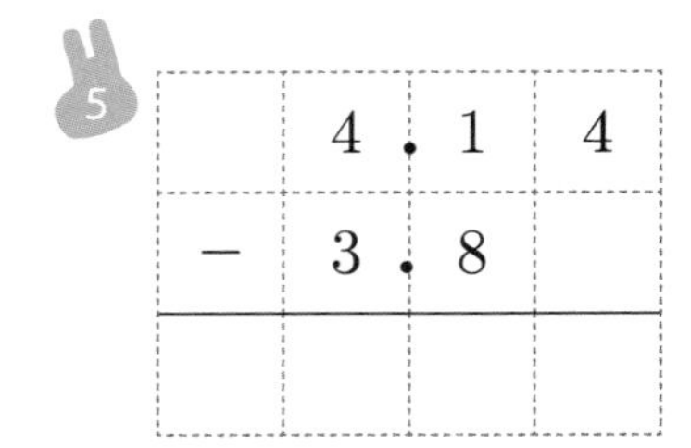

5

	4.	1	4
−	3.	8	

6

	8.	4	1
+	1.	8	4

7

	5.	0	7
−	1.	8	

8

	5.	5	
−	2.	4	6

9

	6.	9	
−	3.	3	9

10

	6.	3	
−	1.	1	6

11

	8	1	0
−	7	7	5

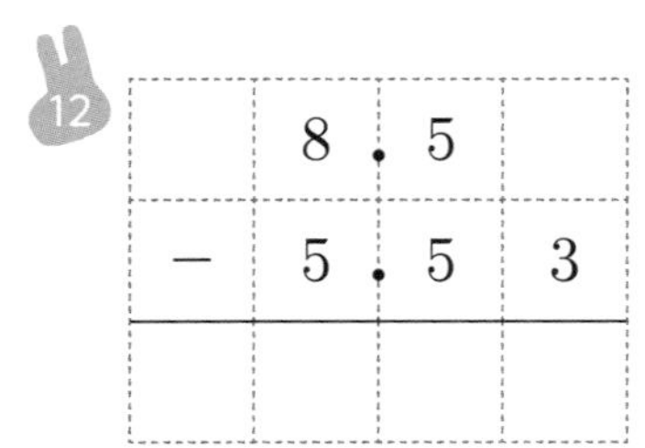

12

	8.	5	
−	5.	5	3

13

	7.	2	
−	1.	4	1

14

	8.	1	
−	6.	0	4

15

	9.	4	
−	5.	3	2

계산해 보세요.

1 $0.72-0.4$

2 $0.45-0.4$

3 $6.68-0.2$

4 $3.04-2.2$

5 $1.52-0.8$

6 $4.13-2.2$

7 $4.1-0.07$

8 $4.86+1.5$

9 $5.7-4.62$

10 $6.7-4.63$

11 $7.5-6.81$

12 $8.8-3.99$

13 $894-37$

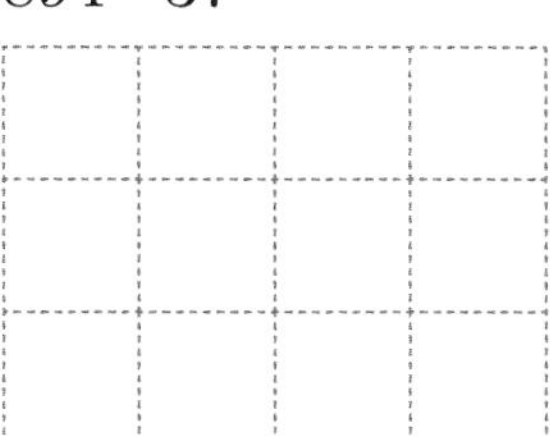

14 $8.5-0.85$

15 $9.02-8.9$

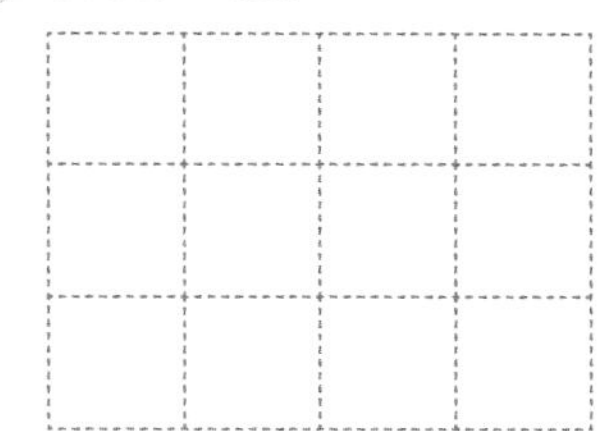

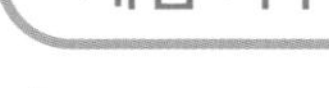

개념 키우기

문제를 해결해 보세요.

1 서준이의 운동 전 몸무게는 42.6 kg, 운동 후 몸무게는 42.34 kg입니다. 서준이의 몸무게는 몇 kg이 줄었나요?

식 ____________________ 답 ____________ kg

2 서준이 집에서 학교, 병원, 도서관까지의 거리를 나타낸 표입니다. 집에서 가장 가까운 곳과 가장 먼 곳의 거리의 차는 몇 km인가요?

장소	학교	병원	도서관
거리	1450 m	0.528 km	0.54 km

식 ____________________ 답 ____________ km

3 서준이는 어머니와 함께 매운탕과 꽃게탕 재료를 사기 위해 수산 시장에 갔습니다. 표를 보고 물음에 답하세요.

물고기(1마리)	광어	우럭	꽃게
무게(kg)	1.2	2.13	0.215

(1) 매운탕 재료로 광어 1마리, 우럭 1마리를 샀습니다. 무게는 모두 몇 kg인가요?

식 ____________________ 답 ____________ kg

(2) 꽃게탕 재료로 꽃게 3마리, 광어 1마리를 샀습니다. 무게는 모두 몇 kg인가요?

식 ____________________ 답 ____________ kg

개념 다시보기

계산해 보세요.

1

	3.	6	2
−	0.	6	

2

	5.	5	1
−	3.	3	

3

	6.	5	7
−	3.	1	

4

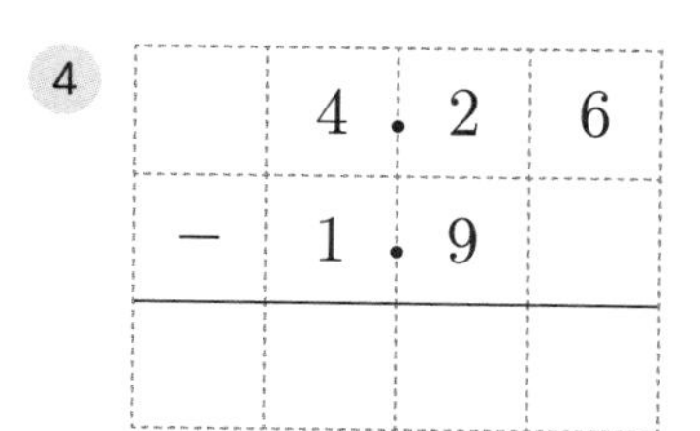

	4.	2	6
−	1.	9	

5

	7.	3	1
−	2.	4	

6

	6.	3	
−	5.	7	4

7

	4.	9	
−	2.	8	8

8

	3.	6	
−	1.	5	4

9

	3.	8	
−	2.	4	9

10

	1.	6	
−	0.	7	3

11

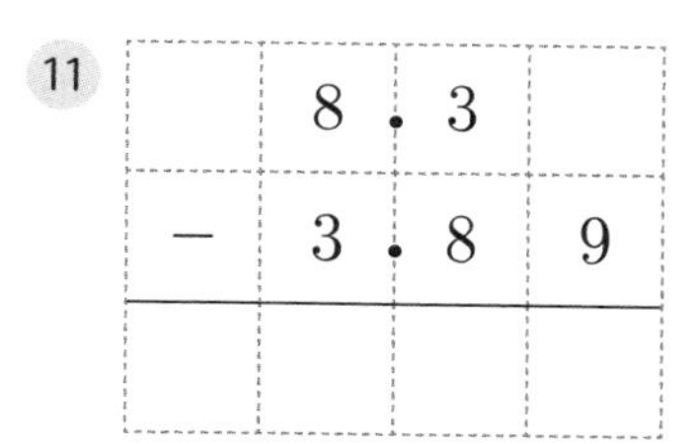

	8.	3	
−	3.	8	9

12

	9.	3	
−	4.	2	6

도전해 보세요

1 빈 곳에 알맞은 수를 써넣으세요.

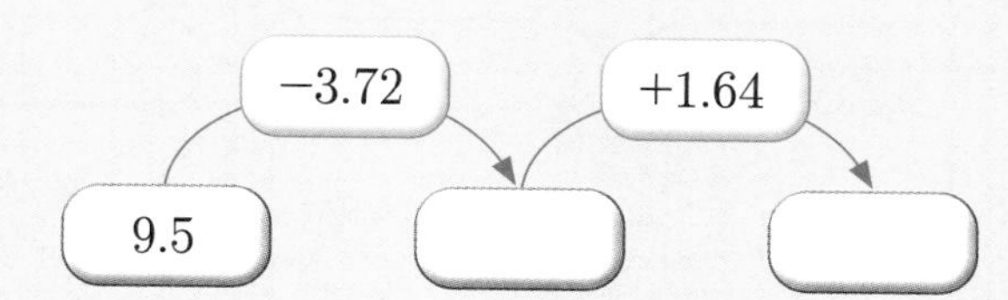

2 민서의 몸무게는 37.5 kg입니다. 서준이의 몸무게는 민서보다 1.54 kg 더 무겁고, 예서의 몸무게는 서준이보다 2.18 kg 더 가볍습니다. 예서의 몸무게는 몇 kg인가요?

( ) kg

1~6학년 연산 개념연결 지도

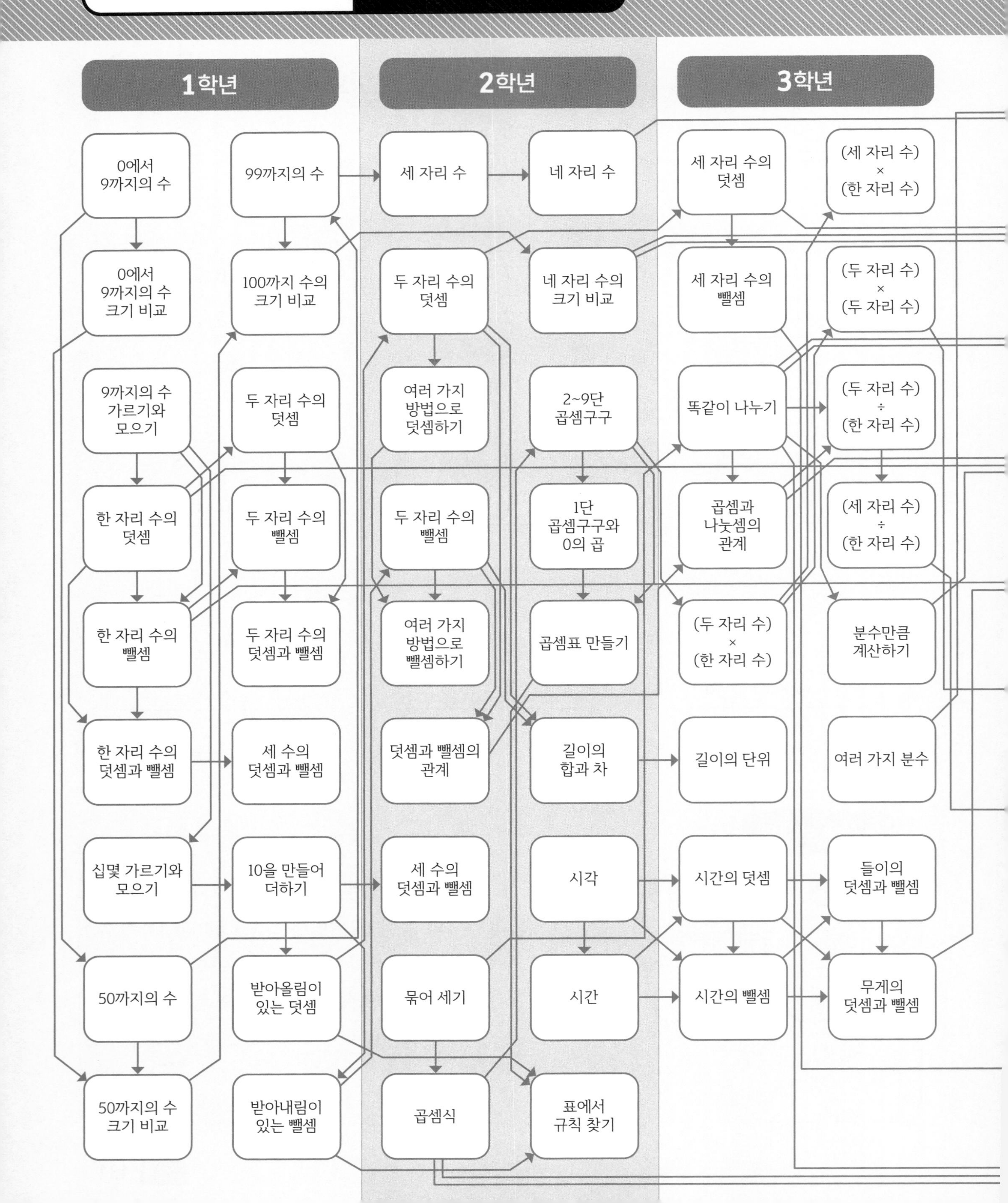

★ 연산 개념연결 지도는 비아북 블로그에서 다운로드받을 수 있습니다. blog.naver.com/viabook/221764401368 ★

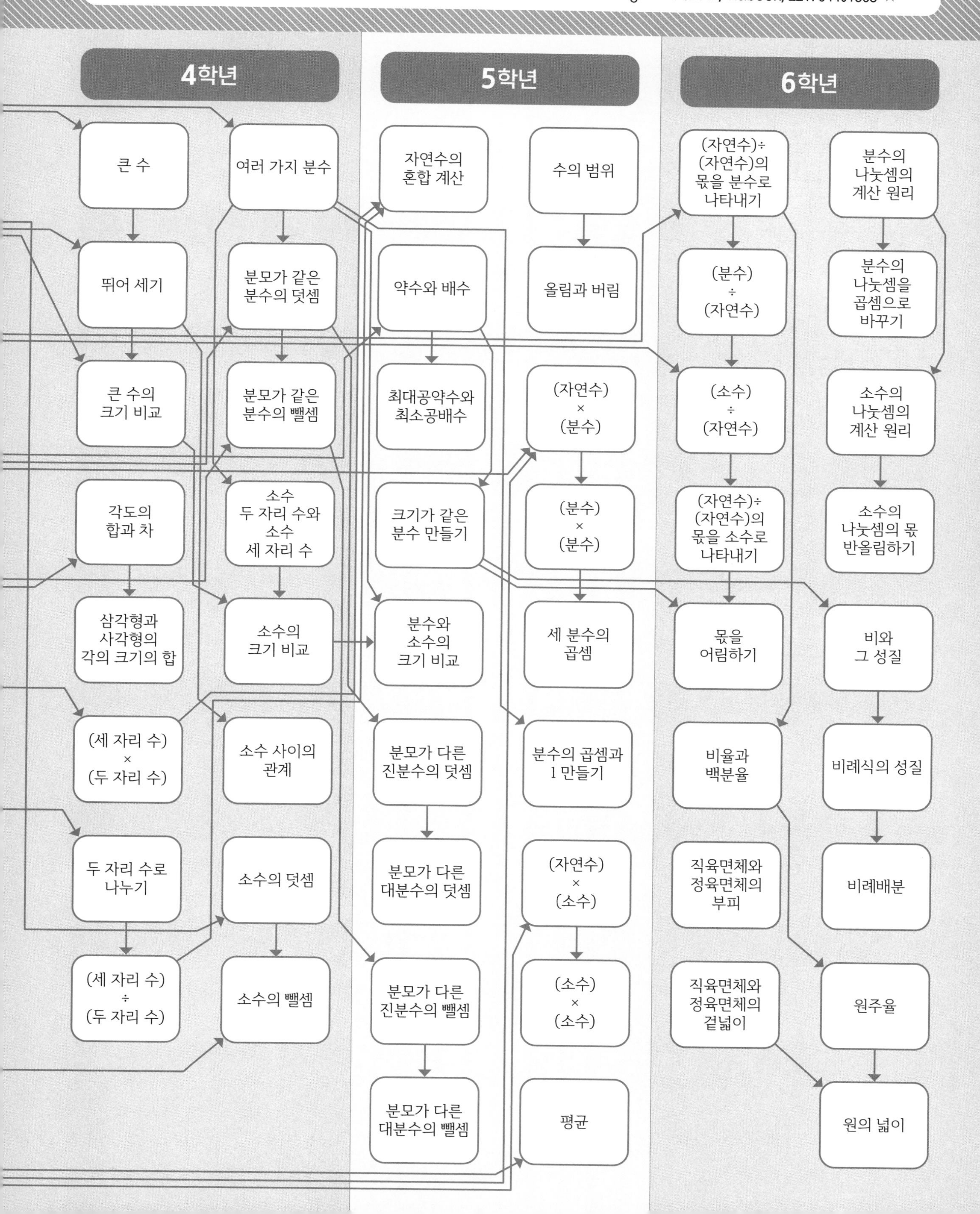

MEMO

개념연결 연산의 발견 8권

지은이 | 전국수학교사모임 개념연산팀

초판 1쇄 발행일 2020년 3월 13일
개정판 1쇄 발행일 2024년 1월 12일
개정판 2쇄 발행일 2024년 9월 27일

발행인 | 한상준
편집 | 김민정 · 강탁준 · 손지원 · 최정휴 · 김영범
삽화 | 조경규
디자인 | 김경희 · 김성인 · 김미숙 · 정은예
마케팅 | 이상민 · 주영상
관리 | 양은진

발행처 | 비아에듀(ViaEdu Publisher)
출판등록 | 제313-2007-218호(2007년 11월 2일)
주소 | 서울시 마포구 연남동 월드컵북로6길 97(연남동 567-40) 2층
전화 | 02-334-6123 전자우편 | crm@viabook.kr
홈페이지 | viabook.kr

ISBN 979-11-92904-55-9 64410
ISBN 979-11-92904-49-8 (4학년 세트)

1단계 분수와 소수의 관계

배운 것을 기억해 볼까요? 012쪽

1 (1) 2 (2) 4

2 (1) 1.5 (2) 23

개념 익히기 013쪽

1 >
2 <
3 >
4 <
5 <
6 >
7 (위에서부터) $\frac{4}{10}$, $\frac{6}{10}$, $\frac{9}{10}$, 0.1, 0.5, 0.9
8 $\frac{13}{5}$
9 $2\frac{1}{6}$
10 $\frac{17}{5}$
11 $2\frac{1}{7}$
12 $4\frac{3}{9}$
13 $\frac{27}{10}$

개념 다지기 014쪽

1 $\frac{25}{8}$
2 $2\frac{2}{4}$
3 $2\frac{2}{3}$
4 $\frac{11}{4}$
5 $2\frac{2}{5}$
6 $\frac{11}{6}$
7 <
8 <
9 >
10 <
11 <
12 >
13 >
14 >
15 >
16 >
17 <
18 =

선생님놀이

$1\frac{5}{6}$는 대분수이므로 가분수로 고치면 분자는 6×1+5=11에 5를 더한 값이에요. 따라서 $\frac{11}{6}$이에요.

단위분수는 분모가 작을수록 더 커요. 9<10이므로 $\frac{1}{9}$이 $\frac{1}{10}$보다 더 커요.

$\frac{8}{10}$은 소수로 고치면 0.8이에요. 0.8과 0.7을 비교하면 0.8이 더 크므로 $\frac{8}{10}$이 0.7보다 커요.

개념 다지기 015쪽

1 $3\frac{1}{2}$
2 $\frac{8}{3}$
3 $2\frac{3}{5}$
4 $\frac{29}{8}$
5 59
6 $10\frac{3}{4}$
7 <
8 <
9 >
10 >
11 >
12 >
13 >
14 <
15 >
16 =
17 <
18 <

개념 키우기 016쪽

1 (1) $\frac{18}{10}$, $1\frac{8}{10}$
(2) $\frac{22}{10}$, $2\frac{2}{10}$

2 (1) 서준
(2) $\frac{4}{3}$시간, 80분
(3) $1\frac{1}{6}$시간, 70분

1 (1) 한 줄당 똑같이 10조각으로 나누면 한 조각은 $\frac{1}{10}$로 나타낼 수 있습니다. 서준이는 총 18조각을 먹었으므로 가분수로 나타내면 $\frac{18}{10}$이고 대분수로 나타내면 $1\frac{8}{10}$입니다.
(2) 한 줄당 똑같이 10조각으로 나누면 한 조각은 $\frac{1}{10}$로 나타낼 수 있습니다. 어머니는 총 22조각을 먹었으므로 가분수로 나타내면 $\frac{22}{10}$이고 대분수로 나타내면 $2\frac{2}{10}$입니다.

2 (1) $\frac{7}{6}$을 대분수로 나타내면 $1\frac{1}{6}$입니다. $1\frac{1}{3}$과 $1\frac{1}{6}$ 중에서 $1\frac{1}{3}$이 더 크므로 서준이가 수업을 더 오래 받았습니다.
(2) $1\frac{1}{3}$을 가분수로 나타내면 분자는 3×1+1=4이므로 $\frac{4}{3}$입니다. 1시간은 60분이므로 $\frac{1}{3}$시간은 20분입니다. 따라서 $\frac{4}{3}$시간은 80분입니다.
(3) $\frac{7}{6}$을 대분수로 나타내면 $1\frac{1}{6}$입니다. 1시간은 60분이므로 $\frac{1}{6}$시간은 10분입니다. 따라서 $1\frac{1}{6}$시간은 70분입니다.

개념 다시보기 **017쪽**

1 $4\frac{1}{6}$　　2 $\frac{11}{3}$

3 $\frac{50}{7}$　　4 $\frac{15}{10}$

5 $4\frac{7}{8}$　　6 $5\frac{2}{4}$

7 $>$　　8 $=$

9 $<$　　10 $<$

11 $<$　　12 $<$

도전해 보세요 **017쪽**

1 $\frac{9}{2}$; $4\frac{1}{2}$

2 강준, $\frac{1}{12}$시간

1 가장 큰 가분수가 되려면 분모는 가장 작아야 되고, 분자는 가장 커야 됩니다. 따라서 가장 큰 가분수는 $\frac{9}{2}$입니다. $\frac{9}{2}$를 대분수로 나타내면 $4\frac{1}{2}$입니다.

2 강준이는 $1\frac{7}{12}$시간 동안 게임을 했습니다. $1\frac{7}{12}$을 가분수로 나타내면 $\frac{19}{12}$입니다. 또한 $\frac{19}{12}$에서 $\frac{18}{12}$을 빼면 $\frac{1}{12}$이므로 강준이가 서준이보다 게임을 $\frac{1}{12}$시간 더 많이 했습니다.

2단계 진분수의 덧셈

배운 것을 기억해 볼까요? **018쪽**

1 $\frac{3}{6}$　　2 $\frac{4}{5}$

개념 익히기 **019쪽**

1 예 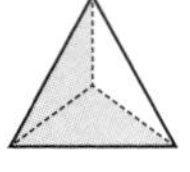 ; 2

2 예 ; 3

3 예 ; $\frac{3}{4}$

4 예 ; $\frac{7}{8}$

5 예 ; $\frac{8}{9}$

개념 다지기 **020쪽**

1 1, 4　　2 3, 3, 6

3 1, $\frac{5}{7}$　　4 1, $\frac{5}{6}$

5 2　　6 4, $\frac{7}{8}$

7 2, 3, 5　　8 2, $\frac{8}{9}$

9 4, 6, 10　　10 6

11 (위에서부터) 4, 9, 15, $\frac{13}{15}$

12 (위에서부터) 5, 6, 13, $\frac{11}{13}$

선생님놀이

$\frac{3}{7}$과 $\frac{3}{7}$은 분모가 같으므로 분자끼리 더하면 $\frac{3}{7}+\frac{3}{7}=\frac{3+3}{7}=\frac{6}{7}$이에요.

$\frac{5}{13}$와 $\frac{6}{13}$은 분모가 같으므로 분자끼리 더하면 $\frac{5}{13}+\frac{6}{13}=\frac{5+6}{13}=\frac{11}{13}$이에요.

개념 다지기 **021쪽**

1 $\frac{4}{9}+\frac{4}{9}=\frac{4+4}{9}=\frac{8}{9}$

2 $\frac{2}{6}+\frac{1}{6}=\frac{2+1}{6}=\frac{3}{6}$

3 $\frac{2}{9}+\frac{1}{9}=\frac{2+1}{9}=\frac{3}{9}$

4 $\frac{4}{18}+\frac{7}{18}=\frac{4+7}{18}=\frac{11}{18}$

5 $\frac{2}{15}+\frac{4}{15}=\frac{2+4}{15}=\frac{6}{15}$

6 $\frac{4}{7}+\frac{2}{7}=\frac{4+2}{7}=\frac{6}{7}$

7 $\frac{1}{12}+\frac{1}{12}=\frac{1+1}{12}=\frac{2}{12}$

8 $\frac{6}{19}+\frac{5}{19}=\frac{6+5}{19}=\frac{11}{19}$

9 $\frac{5}{29}+\frac{5}{29}=\frac{5+5}{29}=\frac{10}{29}$

10 $\frac{17}{39}+\frac{6}{39}=\frac{17+6}{39}=\frac{23}{39}$

개념 키우기 **022쪽**

1 식: $\frac{3}{7}+\frac{2}{7}=\frac{5}{7}$ 답: $\frac{5}{7}$

2 (1) $\frac{1}{8}$ (2) $\frac{2}{8}$ (3) $\frac{3}{8}$

1 빵을 만드는 데 필요한 밀가루 양과 과자를 만드는 데 필요한 밀가루 양을 더합니다.
따라서 $\frac{3}{7}+\frac{2}{7}=\frac{5}{7}$(kg)입니다.

2 (1) 불고기 피자 한 판이 8조각이므로 한 조각은 $\frac{1}{8}$판입니다. 이효가 불고기 피자를 1조각 먹었으므로, 이는 $\frac{1}{8}$판과 같습니다.

(2) 포테이토 피자 한 판이 8조각이므로 한 조각은 $\frac{1}{8}$판입니다. 민준이가 포테이토 피자를 2조각 먹었으므로, 이는 $\frac{2}{8}$판과 같습니다.

(3) 고르곤졸라 피자 한 판이 8조각이므로 한 조각은 $\frac{1}{8}$판입니다. 고르곤졸라 피자를 이효는 1조각, 민준이는 2조각 먹었으므로 각각 $\frac{1}{8}$판, $\frac{2}{8}$판 먹은 것과 같습니다. 따라서 이효와 민준이가 먹은 고르곤졸라 피자는 $\frac{1}{8}+\frac{2}{8}=\frac{3}{8}$(판)입니다.

개념 다시보기 **023쪽**

1 $\frac{7}{9}$	2 $\frac{3}{6}$	3 $\frac{8}{9}$
4 $\frac{4}{13}$	5 $\frac{16}{17}$	6 $\frac{4}{5}$
7 $\frac{21}{29}$	8 $\frac{8}{9}$	9 $\frac{10}{12}$
10 $\frac{5}{8}$	11 $\frac{14}{15}$	12 $\frac{2}{7}$

도전해 보세요 **023쪽**

1 $\frac{3}{4}$박자

2 (1) $\frac{15}{13}(=1\frac{2}{13})$

(2) $\frac{10}{7}(=1\frac{3}{7})$

1 첫 번째 한 마디 안에 4분음표 2개와 8분음표 2개가 있습니다. $\frac{1}{4}+\frac{1}{4}+\frac{1}{4}=\frac{3}{4}$이므로 한마디 안에는 $\frac{3}{4}$박자가 있습니다.

2 (1) $\frac{7}{13}$과 $\frac{8}{13}$은 분모가 같으므로 분자끼리 더하면 $\frac{7}{13}+\frac{8}{13}=\frac{7+8}{13}=\frac{15}{13}$이고, 대분수 $1\frac{2}{13}$로 나타낼 수도 있습니다.

(2) $\frac{6}{7}$과 $\frac{4}{7}$는 분모가 같으므로 분자끼리 더하면 $\frac{6}{7}+\frac{4}{7}=\frac{6+4}{7}=\frac{10}{7}$이고, 대분수 $1\frac{3}{7}$으로 나타낼 수도 있습니다.

3단계 합이 1보다 크거나 같은 진분수의 덧셈

배운 것을 기억해 볼까요? 024쪽

1 2

2 $\frac{6}{5}$, $1\frac{1}{5}$

개념 익히기 025쪽

1 (위에서부터) 4, 3, 5, $\frac{7}{5}$, $1\frac{2}{5}$

2 $\frac{11}{9}$, $1\frac{2}{9}$

3 $\frac{4}{3}$, $1\frac{1}{3}$

4 $\frac{15}{9}$, $1\frac{6}{9}$

5 $\frac{7}{5}$, $1\frac{2}{5}$

6 $\frac{10}{8}$, $1\frac{2}{8}$

7 $\frac{9}{7}$, $1\frac{2}{7}$

8 $\frac{14}{10}$, $1\frac{4}{10}$

9 $\frac{9}{6}$, $1\frac{3}{6}$

10 $\frac{8}{5}$, $1\frac{3}{5}$

11 $\frac{5}{4}$, $1\frac{1}{4}$

개념 다지기 026쪽

1 $\frac{4}{3}$, $1\frac{1}{3}$

2 $\frac{5}{4}$, $1\frac{1}{4}$

3 $\frac{12}{9}$, $1\frac{3}{9}$

4 $\frac{15}{14}$, $1\frac{1}{14}$

5 $\frac{12}{7}$, $1\frac{5}{7}$

6 $\frac{21}{16}$, $1\frac{5}{16}$

7 $4\frac{1}{6}$

8 $\frac{13}{8}$, $1\frac{5}{8}$

9 $\frac{71}{37}$, $1\frac{34}{37}$

10 $\frac{11}{9}$, $1\frac{2}{9}$

11 9, 1

12 $\frac{18}{11}$, $1\frac{7}{11}$

13 $\frac{15}{9}$, $1\frac{6}{9}$

14 $\frac{18}{16}$, $1\frac{2}{16}$

선생님놀이

9 $\frac{36}{37}$과 $\frac{35}{37}$는 분모가 같으므로 분자끼리 더하면 $\frac{36}{37}+\frac{35}{37}=\frac{36+35}{37}=\frac{71}{37}=1\frac{34}{37}$예요.

13 $\frac{8}{9}$과 $\frac{7}{9}$은 분모가 같으므로 분자끼리 더하면 $\frac{8}{9}+\frac{7}{9}=\frac{8+7}{9}=\frac{15}{9}=1\frac{6}{9}$이에요.

개념 다지기 027쪽

1 $\frac{3}{5}+\frac{4}{5}=\frac{7}{5}=1\frac{2}{5}$

2 $\frac{3}{6}+\frac{4}{6}=\frac{7}{6}=1\frac{1}{6}$

3 $\frac{4}{7}+\frac{6}{7}=\frac{10}{7}=1\frac{3}{7}$

4 $\frac{8}{9}+\frac{6}{9}=\frac{14}{9}=1\frac{5}{9}$

5 $\frac{5}{10}+\frac{7}{10}=\frac{12}{10}=1\frac{2}{10}$

6 $\frac{13}{14}+\frac{12}{14}=\frac{25}{14}=1\frac{11}{14}$

7 $\frac{14}{18}+\frac{17}{18}=\frac{31}{18}=1\frac{13}{18}$

8 $\frac{12}{17}+\frac{14}{17}=\frac{26}{17}=1\frac{9}{17}$

9 $\frac{11}{12}+\frac{11}{12}=\frac{22}{12}=1\frac{10}{12}$

10 $\frac{10}{13}+\frac{5}{13}=\frac{15}{13}=1\frac{2}{13}$

7 $\frac{14}{18}$와 $\frac{17}{18}$는 분모가 같으므로 분자끼리 더하면 $\frac{14}{18}+\frac{17}{18}=\frac{14+17}{18}=\frac{31}{18}=1\frac{13}{18}$이에요.

9 $\frac{11}{12}$과 $\frac{11}{12}$은 분모가 같으므로 분자끼리 더하면 $\frac{11}{12}+\frac{11}{12}=\frac{11+11}{12}=\frac{22}{12}=1\frac{10}{12}$이에요.

개념 키우기 028쪽

1 식: $\frac{5}{6}+\frac{4}{6}=\frac{9}{6}=1\frac{3}{6}$ 답: $1\frac{3}{6}$

2 (1) 식: $\frac{3}{4}+\frac{1}{4}=\frac{4}{4}=1$ 답: 1

(2) 식: $\frac{2}{4}+\frac{2}{4}=\frac{4}{4}=1$ 답: 1

(3) 식: $\frac{1}{4}+\frac{3}{4}=\frac{4}{4}=1$ 답: 1

1 케이크를 만드는 데 필요한 밀가루 양과 빵을 만드는 데 필요한 밀가루 양을 더합니다. 따라서 $\frac{5}{6}+\frac{4}{6}=\frac{5+4}{6}=\frac{9}{6}=1\frac{3}{6}$(kg)입니다.

2 (1) 포테이토 피자를 서준이는 $\frac{3}{4}$판, 민준이는 $\frac{1}{4}$판 먹었으므로 모두 $\frac{3}{4}+\frac{1}{4}=\frac{3+1}{4}=\frac{4}{4}$ =1(판)입니다.

(2) 불고기 피자를 서준이는 $\frac{2}{4}$판, 민준이는 $\frac{2}{4}$판 먹었으므로 모두 $\frac{2}{4}+\frac{2}{4}=\frac{2+2}{4}=\frac{4}{4}=1$(판)입니다.

(3) 스테이크 피자를 서준이는 $\frac{1}{4}$판, 민준이는 $\frac{3}{4}$판 먹었으므로 모두 $\frac{1}{4}+\frac{3}{4}=\frac{4}{4}=1$(판)입니다.

개념 다시보기 **029쪽**

1. $\frac{13}{9}$, $1\frac{4}{9}$
2. $\frac{7}{6}$, $1\frac{1}{6}$
3. $\frac{28}{19}$, $1\frac{9}{19}$
4. $\frac{21}{13}$, $1\frac{8}{13}$
5. $\frac{18}{17}$, $1\frac{1}{17}$
6. $\frac{7}{5}$, $1\frac{2}{5}$
7. $\frac{31}{29}$, $1\frac{2}{29}$
8. $\frac{12}{7}$, $1\frac{5}{7}$

도전해 보세요 **029쪽**

1. $\frac{\boxed{4}}{9}+\frac{\boxed{7}}{\boxed{9}}=1\frac{2}{9}$ 또는 $\frac{\boxed{7}}{9}+\frac{\boxed{4}}{\boxed{9}}=1\frac{2}{9}$
2. $1\frac{3}{5}$

1. $1\frac{2}{9}$를 가분수로 고치면 $\frac{11}{9}$입니다. 수 카드 3, 4, 5, 7, 9 중 더해서 11이 되는 두 수는 4와 7뿐입니다. 그리고 분모가 같아야 분자끼리 더할 수 있으므로 분모는 9입니다. 따라서 답은 $\frac{4}{9}+\frac{7}{9}=\frac{11}{9}=1\frac{2}{9}$ 또는 $\frac{7}{9}+\frac{4}{9}=\frac{11}{9}=1\frac{2}{9}$ 입니다.
2. $\frac{4}{5}$와 $\frac{4}{5}$를 더하면 $\frac{8}{5}$이고, 대분수로 나타내면 $1\frac{3}{5}$입니다.

4단계 대분수의 덧셈

배운 것을 기억해 볼까요? **030쪽**

1. 27
2. 2, 1
3. $1\frac{2}{15}$

개념 익히기 **031쪽**

1. 4, 5, $\frac{2}{7}$, $\frac{1}{7}$, 9, $\frac{3}{7}$, $9\frac{3}{7}$
2. 1, 2, $\frac{4}{6}$, $\frac{1}{6}$, 3, $\frac{5}{6}$, $3\frac{5}{6}$
3. 3, 2, $\frac{3}{5}$, $\frac{1}{5}$, 5, $\frac{4}{5}$, $5\frac{4}{5}$
4. $\frac{6}{4}$, $\frac{9}{4}$, $\frac{15}{4}$, $3\frac{3}{4}$
5. $\frac{7}{5}$, $\frac{21}{5}$, $\frac{28}{5}$, $5\frac{3}{5}$
6. $\frac{23}{7}$, $\frac{10}{7}$, $\frac{33}{7}$, $4\frac{5}{7}$

개념 다지기 **032쪽**

1. 9, $\frac{4}{7}$, $9\frac{4}{7}$
2. 6, $\frac{5}{6}$, $6\frac{5}{6}$
3. 3, $\frac{4}{5}$, $3\frac{4}{5}$
4. 9, $\frac{3}{4}$, $9\frac{3}{4}$
5. 5, $\frac{6}{8}$, $5\frac{6}{8}$
6. 9, $\frac{6}{9}$, $9\frac{6}{9}$
7. 13, 4, 17, 5, 2
8. 42, 47, 89, 17, 4
9. 40, 31, 71, 11, 5
10. 10, 17, 27, 3, 6
11. 58, 49, 107, 11, 8
12. 41, 67, 108, 8, 4

선생님놀이

6과 3을 먼저 더하면 9이고, $\frac{4}{9}$와 $\frac{2}{9}$를 더하면 $\frac{6}{9}$이므로 $9\frac{6}{9}$이에요.

$8\frac{2}{5}$를 가분수로 고치면 $\frac{42}{5}$이고, $9\frac{2}{5}$를 가분수로 고치면 $\frac{47}{5}$이에요. $\frac{42}{5}+\frac{47}{5}=\frac{42+47}{5}=\frac{89}{5}$이고, 대분수로 고치면 $17\frac{4}{5}$예요.

개념 다지기 **033쪽**

1 $1\frac{2}{7}+4\frac{3}{7}=5+\frac{5}{7}=5\frac{5}{7}$

2 $5\frac{2}{8}+4\frac{3}{8}=9+\frac{5}{8}=9\frac{5}{8}$

3 $2\frac{2}{8}+4\frac{5}{8}=6+\frac{7}{8}=6\frac{7}{8}$

4 $5\frac{5}{10}+4\frac{4}{10}=9+\frac{9}{10}=9\frac{9}{10}$

5 $6\frac{5}{16}+4\frac{5}{16}=10+\frac{10}{16}=10\frac{10}{16}$

6 $6\frac{11}{15}+9\frac{3}{15}=15+\frac{14}{15}=15\frac{14}{15}$

7 $2\frac{2}{8}+1\frac{3}{8}=\frac{18}{8}+\frac{11}{8}=\frac{29}{8}=3\frac{5}{8}$

8 $3\frac{3}{8}+4\frac{4}{8}=\frac{27}{8}+\frac{36}{8}=\frac{63}{8}=7\frac{7}{8}$

9 $6\frac{1}{4}+3\frac{1}{4}=\frac{25}{4}+\frac{13}{4}=\frac{38}{4}=9\frac{2}{4}$

10 $2\frac{2}{9}+4\frac{3}{9}=\frac{20}{9}+\frac{39}{9}=\frac{59}{9}=6\frac{5}{9}$

선생님놀이

4 5과 4를 먼저 더하면 9이고 $\frac{5}{10}$와 $\frac{4}{10}$를 더하면 $\frac{9}{10}$이므로 $9\frac{9}{10}$예요.

8 $3\frac{3}{8}$을 가분수로 고치면 $\frac{27}{8}$이고, $4\frac{4}{8}$를 가분수로 고치면 $\frac{36}{8}$이에요. $\frac{27}{8}+\frac{36}{8}=\frac{27+36}{8}=\frac{63}{8}$이고, 대분수로 고치면 $7\frac{7}{8}$이에요.

개념 키우기 **034쪽**

1 식: $1\frac{2}{5}+1\frac{1}{5}=2\frac{3}{5}$ 답: $2\frac{3}{5}$

2 식: $3\frac{1}{3}+4\frac{1}{3}=7\frac{2}{3}$ 답: $7\frac{2}{3}$

3 (1) $39\frac{1}{4}+35\frac{2}{4}=74\frac{3}{4}$ 답: $74\frac{3}{4}$

(2) $75\frac{2}{5}+1\frac{1}{5}=76\frac{3}{5}$ 답: $76\frac{3}{5}$

(3) $15\frac{2}{7}+6\frac{2}{7}=21\frac{4}{7}$ 답: $21\frac{4}{7}$

1 서준이의 가방 무게와 민준이의 가방 무게를 더합니다. 따라서 $1\frac{2}{5}+1\frac{1}{5}=2\frac{3}{5}$(kg)입니다.

2 원래 들어있던 물의 양에 더 넣은 물의 양을 더합니다. 따라서 $3\frac{1}{3}+4\frac{1}{3}=7\frac{2}{3}$(컵)입니다.

3 (1) 머핀을 만들기 위해 버터는 $39\frac{1}{4}$g, 설탕은 $35\frac{2}{4}$g 들어가므로 둘을 더합니다. 따라서 $39\frac{1}{4}$g$+35\frac{2}{4}$g$=74\frac{3}{4}$(g)입니다.

(2) 머핀을 만들기 위해 밀가루는 $75\frac{2}{5}$g, 베이킹 파우더는 $1\frac{1}{5}$g 들어가므로 둘을 더합니다. 따라서 $75\frac{2}{5}+1\frac{1}{5}=76\frac{3}{5}$(g)입니다.

(3) 머핀을 만들기 위해 우유는 $15\frac{2}{7}$ml, 오일은 $6\frac{2}{7}$ml 들어가므로 둘을 더합니다. 따라서 $15\frac{2}{7}+6\frac{2}{7}=21\frac{4}{7}$(ml)입니다.

개념 다시보기 **035쪽**

1 $6\frac{6}{7}$ 2 $9\frac{3}{5}$

3 $14\frac{5}{6}$ 4 $9\frac{5}{8}$

5 $9\frac{4}{15}$ 6 $3\frac{7}{9}$

7 $8\frac{5}{6}$ 8 $8\frac{4}{5}$

9 $3\frac{11}{13}$ 10 $3\frac{10}{11}$

도전해 보세요 **035쪽**

1 $3\frac{3}{5}$ 2 $8\frac{2}{8}$

1 삼각형의 세 변의 길이를 더하면 $1\frac{1}{5}+1\frac{1}{5}+1\frac{1}{5}=3\frac{3}{5}$이므로 세 변의 길이의 합은 $3\frac{3}{5}$cm입니다.

2 ㉠부터 ㉢까지의 거리는 ㉠부터 ㉡까지의 거리와 ㉡부터 ㉢까지의 거리를 더합니다. 따라서 $4\frac{3}{8}+3\frac{7}{8}=8\frac{2}{8}$(m)입니다.

5단계 진분수의 합이 1보다 크거나 같은 대분수의 덧셈

배운 것을 기억해 볼까요? 036쪽

1. 43
2. 2, 5
3. $3\frac{4}{5}$

개념 익히기 037쪽

1. 4, $\frac{6}{5}$, $5\frac{1}{5}$
2. 3, $\frac{9}{6}$, $4\frac{3}{6}$
3. 9, $\frac{5}{4}$, $10\frac{1}{4}$
4. 5, $\frac{5}{5}$, 6
5. 4, $\frac{11}{9}$, $5\frac{2}{9}$
6. 8, $\frac{10}{7}$, $9\frac{3}{7}$
7. 5, $\frac{7}{5}$, $6\frac{2}{5}$
8. 9, $\frac{9}{8}$, $10\frac{1}{8}$
9. 4, $\frac{14}{9}$, $5\frac{5}{9}$

개념 다지기 038쪽

1. 9, $\frac{8}{7}$, $10\frac{1}{7}$
2. 8, $\frac{7}{6}$, $9\frac{1}{6}$
3. 9, $\frac{7}{5}$, $10\frac{2}{5}$
4. 3, $\frac{10}{7}$, $4\frac{3}{7}$
5. 9, $\frac{5}{4}$, $10\frac{1}{4}$
6. 7, $\frac{8}{6}$, $8\frac{2}{6}$
7. 4, 1
8. 6, $\frac{12}{7}$, $7\frac{5}{7}$
9. 8, $\frac{16}{9}$, $9\frac{7}{9}$
10. 8, $\frac{4}{3}$, $9\frac{1}{3}$
11. 3, 1
12. 12, $\frac{9}{8}$, $13\frac{1}{8}$

선생님놀이

8과 1을 먼저 더하면 9예요. $\frac{3}{5}+\frac{4}{5}=\frac{3+4}{5}=\frac{7}{5}=1\frac{2}{5}$ 예요. 따라서 9와 $1\frac{2}{5}$를 더하면 $10\frac{2}{5}$ 예요.

5와 3을 먼저 더하면 8이에요. $\frac{8}{9}+\frac{8}{9}=\frac{8+8}{9}=\frac{16}{9}=1\frac{7}{9}$ 이에요. 따라서 8과 $1\frac{7}{9}$을 더하면 $9\frac{7}{9}$이에요.

개념 다지기 039쪽

1. $1\frac{5}{7}+4\frac{3}{7}=5+\frac{8}{7}=5+1\frac{1}{7}=6\frac{1}{7}$
2. $5\frac{5}{8}+4\frac{5}{8}=9+\frac{10}{8}=9+1\frac{2}{8}=10\frac{2}{8}$
3. $6\frac{2}{3}+3\frac{2}{3}=9+\frac{4}{3}=9+1\frac{1}{3}=10\frac{1}{3}$
4. $4\frac{2}{4}+4\frac{3}{4}=8+\frac{5}{4}=8+1\frac{1}{4}=9\frac{1}{4}$
5. $6\frac{4}{6}+4\frac{4}{6}=10+\frac{8}{6}=10+1\frac{2}{6}=11\frac{2}{6}$
6. $5\frac{9}{10}+4\frac{4}{10}=9+\frac{13}{10}=9+1\frac{3}{10}=10\frac{3}{10}$
7. $2\frac{8}{9}+4\frac{8}{9}=6+\frac{16}{9}=6+1\frac{7}{9}=7\frac{7}{9}$
8. $6\frac{11}{15}+9\frac{13}{15}=15+\frac{24}{15}=15+1\frac{9}{15}=16\frac{9}{15}$
9. $6\frac{11}{14}+3\frac{7}{14}=9+\frac{18}{14}=9+1\frac{4}{14}=10\frac{4}{14}$
10. $2\frac{7}{10}+4\frac{9}{10}=6+\frac{16}{10}=6+1\frac{6}{10}=7\frac{6}{10}$

선생님놀이

5와 4를 먼저 더하면 9예요. $\frac{9}{10}+\frac{4}{10}=\frac{9+4}{10}=\frac{13}{10}=1\frac{3}{10}$이에요. 따라서 9와 $1\frac{3}{10}$을 더하면 $10\frac{3}{10}$이에요.

6과 9를 먼저 더하면 15예요. $\frac{11}{15}+\frac{13}{15}=\frac{11+13}{15}=\frac{24}{15}=1\frac{9}{15}$ 예요. 따라서 15와 $1\frac{9}{15}$를 더하면 $16\frac{9}{15}$예요.

개념 키우기 040쪽

1. 식: $4\frac{3}{5}+6\frac{4}{5}=10\frac{7}{5}=11\frac{2}{5}$ 답: $11\frac{2}{5}$
2. 식: $1\frac{5}{7}+2\frac{4}{7}=3\frac{9}{7}=4\frac{2}{7}$ 답: $4\frac{2}{7}$
3. (1) 식: $4\frac{3}{5}+1\frac{1}{5}=5\frac{4}{5}$ 답: $5\frac{4}{5}$
   (2) 식: $5\frac{4}{5}+1\frac{4}{5}=6\frac{8}{5}=7\frac{3}{5}$ 답: $7\frac{3}{5}$

1 원래 들어 있던 물의 양에 새로 부은 물의 양을 더합니다. 따라서 물통에 들어 있는 물의 양은 $4\frac{3}{5}+6\frac{4}{5}=10\frac{7}{5}=11\frac{2}{5}$(L)입니다.

2 서준이네 집에서 공원까지의 거리와 공원에서 학교까지의 거리를 더합니다. 따라서 서준이네 집에서 공원을 거쳐 학교까지의 거리는 $1\frac{5}{7}+2\frac{4}{7}=3\frac{9}{7}=4\frac{2}{7}$(km)입니다.

3 (1) ㉯ 선수의 기록은 ㉮ 선수의 기록보다 $1\frac{1}{5}$ m 높으므로 $4\frac{3}{5}+1\frac{1}{5}=5\frac{4}{5}$(m)입니다.

(2) ㉰ 선수의 기록은 ㉯ 선수의 기록보다 $1\frac{4}{5}$ m 높으므로 $5\frac{4}{5}+1\frac{4}{5}=6\frac{8}{5}=7\frac{3}{5}$(m)입니다.

개념 다시보기 041쪽

1 6, $\frac{8}{7}$, $7\frac{1}{7}$
2 9, $\frac{5}{5}$, 10
3 3, $\frac{4}{3}$, $4\frac{1}{3}$
4 14, $\frac{9}{6}$, $15\frac{3}{6}$
5 8, $\frac{25}{17}$, $9\frac{8}{17}$
6 10, $\frac{7}{6}$, $11\frac{1}{6}$
7 3, $\frac{27}{19}$, $4\frac{8}{19}$
8 7, $\frac{25}{16}$, $8\frac{9}{16}$

도전해 보세요 041쪽

1 $5\frac{3}{5}$

2 (1) $\frac{2}{4}$ (2) $\frac{1}{5}$

1 네 변의 길이의 합은 $1\frac{2}{5}$를 4번 더합니다. 따라서 $1\frac{2}{5}+1\frac{2}{5}+1\frac{2}{5}+1\frac{2}{5}=4\frac{8}{5}=5\frac{3}{5}$(cm)입니다.

2 (1) $\frac{3}{4}-\frac{1}{4}=\frac{3-1}{4}=\frac{2}{4}$

(2) $\frac{4}{5}-\frac{3}{5}=\frac{4-3}{5}=\frac{1}{5}$

6단계 진분수의 뺄셈

배운 것을 기억해 볼까요? 042쪽

1 5
2 $\frac{5}{6}$

개념 익히기 043쪽

1 5, 3, 2
2 7, 1, 6
3 5, 3, 2
4 7, 1, 6
5 2, 1, 1
6 4, 3, 1
7 9, 4, 5
8 5, 2, 3
9 5, 1, 4
10 11, 1, 10

개념 다지기 044쪽

1 $\frac{2}{7}$
2 $\frac{2}{15}$
3 $\frac{1}{6}$
4 $\frac{1}{9}$
5 $\frac{7}{13}$
6 $\frac{2}{5}$
7 $\frac{4}{10}$
8 $\frac{3}{8}$
9 $\frac{2}{4}$
10 $\frac{7}{14}$
11 9
12 $\frac{3}{19}$
13 $\frac{3}{4}$
14 $\frac{1}{9}$
15 $\frac{7}{17}$
16 $\frac{4}{12}$
17 $\frac{1}{7}$
18 $\frac{4}{11}$

선생님놀이

2 $\frac{11}{15}$과 $\frac{9}{15}$는 분모가 같으므로 분자끼리 빼면 $\frac{11}{15}-\frac{9}{15}=\frac{11-9}{15}=\frac{2}{15}$예요.

18 $\frac{10}{11}$과 $\frac{6}{11}$는 분모가 같으므로 분자끼리 빼면 $\frac{10}{11}-\frac{6}{11}=\frac{10-6}{11}=\frac{4}{11}$예요.

개념 다지기 045쪽

1 $\frac{2}{3}-\frac{1}{3}=\frac{2-1}{3}=\frac{1}{3}$

2 $\frac{4}{9}-\frac{3}{9}=\frac{4-3}{9}=\frac{1}{9}$

③ $\frac{11}{12}-\frac{3}{12}=\frac{11-3}{12}=\frac{8}{12}$

④ $\frac{9}{10}-\frac{1}{10}=\frac{9-1}{10}=\frac{8}{10}$

⑤ $\frac{10}{13}-\frac{2}{13}=\frac{10-2}{13}=\frac{8}{13}$

⑥ $\frac{10}{12}-\frac{6}{12}=\frac{10-6}{12}=\frac{4}{12}$

⑦ $\frac{14}{16}-\frac{1}{16}=\frac{14-1}{16}=\frac{13}{16}$

⑧ $\frac{12}{13}-\frac{7}{13}=\frac{12-7}{13}=\frac{5}{13}$

⑨ $\frac{15}{17}-\frac{13}{17}=\frac{15-13}{17}=\frac{2}{17}$

⑩ $\frac{14}{19}-\frac{6}{19}=\frac{14-6}{19}=\frac{8}{19}$

선생님놀이

$\frac{9}{10}$와 $\frac{1}{10}$은 분모가 같으므로 분자끼리 빼면 $\frac{9}{10}-\frac{1}{10}=\frac{9-1}{10}=\frac{8}{10}$이에요.

$\frac{10}{12}$과 $\frac{6}{12}$은 분모가 같으므로 분자끼리 빼면 $\frac{10}{12}-\frac{6}{12}=\frac{10-6}{12}=\frac{4}{12}$예요.

개념 키우기 046쪽

① 식: $\frac{9}{10}-\frac{6}{10}=\frac{9-6}{10}=\frac{3}{10}$ 답: $\frac{3}{10}$

② 식: $\frac{5}{6}-\frac{2}{6}=\frac{3}{6}$ 답: $\frac{3}{6}$

③ (1) 식: $\frac{9}{10}-\frac{6}{10}=\frac{3}{10}$ 답: $\frac{3}{10}$

(2) 식: $\frac{3}{10}+\frac{1}{10}=\frac{4}{10}$ 답: $\frac{4}{10}$

(3) 식: $\frac{9}{10}-\frac{3}{10}-\frac{4}{10}=\frac{2}{10}$ 답: $\frac{2}{10}$

① 원래 있던 주스의 양에서 마신 주스의 양을 뺍니다. 따라서 $\frac{9}{10}-\frac{6}{10}=\frac{3}{10}$(L)입니다.

② 원래 있던 페인트의 양에서 남은 페인트의 양을 뺍니다. 따라서 $\frac{5}{6}-\frac{2}{6}=\frac{3}{6}$(L)입니다.

③ (1) 원래 있던 리본의 길이에서 남은 리본의 길이를 뺍니다. 따라서 사용한 리본의 길이는 $\frac{9}{10}-\frac{6}{10}=\frac{3}{10}$(m)입니다.

(2) 태형이의 선물에 사용한 리본의 길이에 $\frac{1}{10}$ m를 더합니다. 따라서 민서의 선물을 포장하기 위해 사용한 리본의 길이는 $\frac{3}{10}+\frac{1}{10}=\frac{4}{10}$(m)입니다.

(3) 원래 있던 리본의 길이에서 태형이와 민서의 선물을 포장하기 위해 사용한 리본의 길이를 뺍니다. 따라서 $\frac{9}{10}-\frac{3}{10}-\frac{4}{10}=\frac{2}{10}$(m)입니다.

개념 다시보기 047쪽

① $\frac{2}{4}$	② $\frac{4}{8}$	③ $\frac{3}{9}$
④ $\frac{5}{10}$	⑤ $\frac{8}{14}$	⑥ $\frac{3}{10}$
⑦ $\frac{1}{5}$	⑧ $\frac{3}{6}$	⑨ $\frac{2}{7}$
⑩ $\frac{3}{13}$	⑪ $\frac{3}{16}$	⑫ $\frac{2}{17}$

도전해 보세요 047쪽

① (1) $<$ (2) $>$

② $\frac{15}{17}$; $1\frac{4}{17}$

① (1) $\frac{15}{17}-\frac{9}{17}=\frac{15-9}{17}=\frac{6}{17}$이고 $\frac{15}{17}-\frac{7}{17}=\frac{15-7}{17}=\frac{8}{17}$이므로 $\frac{6}{17}<\frac{8}{17}$입니다.

(2) $\frac{10}{11}-\frac{9}{11}=\frac{10-9}{11}=\frac{1}{11}$이고 $\frac{10}{13}-\frac{9}{13}=\frac{10-9}{13}=\frac{1}{13}$ 이므로 $\frac{1}{11}>\frac{1}{13}$입니다.

② 첫 번째 칸을 계산하면 $1-\frac{2}{17}=\frac{17-2}{17}=\frac{15}{17}$입니다. 두 번째 칸을 계산하면 $\frac{15}{17}+\frac{6}{17}=\frac{21}{17}=1\frac{4}{17}$입니다.

7단계 1-(진분수)

배운 것을 기억해 볼까요? 048쪽

1 $\frac{5}{6}$, $\frac{4}{4}$, $1\frac{1}{7}$, $\frac{2}{2}$, $\frac{8}{9}$, $\frac{3}{3}$, $\frac{17}{15}$, $\frac{13}{13}$

개념 익히기 049쪽

1 4, 3, 4, 3, 1

2 $\frac{7}{7}$, $\frac{5}{7}$

3 $\frac{6}{6}$, $\frac{1}{6}$, $\frac{5}{6}$

4 $\frac{4}{4}$, $\frac{1}{4}$, $\frac{3}{4}$

5 $\frac{5}{5}$, $\frac{1}{5}$, $\frac{4}{5}$

6 $\frac{9}{9}$, $\frac{4}{9}$, $\frac{5}{9}$

7 $\frac{7}{7}$, $\frac{1}{7}$, $\frac{6}{7}$

8 $\frac{8}{8}$, $\frac{2}{8}$, $\frac{6}{8}$

9 $\frac{5}{5}$, $\frac{4}{5}$, $\frac{1}{5}$

10 $\frac{6}{6}$, $\frac{4}{6}$, $\frac{2}{6}$

11 $\frac{9}{9}$, $\frac{8}{9}$, $\frac{1}{9}$

12 $\frac{8}{8}$, $\frac{7}{8}$, $\frac{1}{8}$

개념 다지기 050쪽

1 7, $\frac{4}{7}$

2 6, $\frac{3}{6}$

3 5, 3, $\frac{2}{5}$

4 7, 2, $\frac{5}{7}$

5 4, 1, $\frac{3}{4}$

6 9, 4, $\frac{5}{9}$

7 5, 1, $\frac{4}{5}$

8 20

9 12, 1, $\frac{11}{12}$

10 15, 1, $\frac{14}{15}$

11 <

12 17, 6, $\frac{11}{17}$

선생님놀이

빼는 수의 분모가 7이므로 1을 가분수 $\frac{7}{7}$로 바꿔요. $1-\frac{2}{7}=\frac{7}{7}-\frac{2}{7}=\frac{7-2}{7}=\frac{5}{7}$예요.

빼는 수의 분모가 12이므로 1을 가분수 $\frac{12}{12}$로 바꿔요. $1-\frac{1}{12}=\frac{12}{12}-\frac{1}{12}=\frac{12-1}{12}=\frac{11}{12}$이에요.

개념 다지기 051쪽

1 $1-\frac{3}{8}=\frac{8-3}{8}=\frac{5}{8}$

2 $1-\frac{5}{6}=\frac{6-5}{6}=\frac{1}{6}$

3 $1-\frac{4}{10}=\frac{10-4}{10}=\frac{6}{10}$

4 $1-\frac{3}{11}=\frac{11-3}{11}=\frac{8}{11}$

5 $1-\frac{3}{13}=\frac{13-3}{13}=\frac{10}{13}$

6 $1-\frac{13}{15}=\frac{15-13}{15}=\frac{2}{15}$

7 $1-\frac{5}{9}=\frac{9-5}{9}=\frac{4}{9}$

8 $1-\frac{7}{12}=\frac{12-7}{12}=\frac{5}{12}$

9 $1-\frac{3}{4}=\frac{4-3}{4}=\frac{1}{4}$

10 $1-\frac{1}{10}=\frac{10-1}{10}=\frac{9}{10}$

선생님놀이

빼는 수의 분모가 10이므로 1을 가분수 $\frac{10}{10}$으로 바꿔요. $1-\frac{4}{10}=\frac{10}{10}-\frac{4}{10}=\frac{10-4}{10}=\frac{6}{10}$이에요.

빼는 수의 분모가 15이므로 1을 가분수 $\frac{15}{15}$로 바꿔요. $1-\frac{13}{15}=\frac{15}{15}-\frac{13}{15}=\frac{15-13}{15}=\frac{2}{15}$예요.

개념 키우기 052쪽

1 식: $1-\frac{7}{8}=\frac{8-7}{8}=\frac{1}{8}$ 답: $\frac{1}{8}$

2 식: $1-\frac{5}{7}=\frac{7-5}{7}=\frac{2}{7}$ 답: $\frac{2}{7}$

3 (1) 식: $\frac{1}{4}+\frac{2}{4}=\frac{3}{4}$ 답: $\frac{3}{4}$

(2) 식: $1-\frac{3}{4}=\frac{4-3}{4}=\frac{1}{4}$ 답: $\frac{1}{4}$

1 원래 있던 초콜릿의 양에서 먹은 초콜릿의 양을 뺍니다. 따라서 남은 초콜릿은 $1-\frac{7}{8}=\frac{1}{8}$ 입니다.

2 원래 있던 실의 길이에서 남은 실의 길이를 뺍니다. 따라서 사용한 실은 $1-\frac{5}{7}=\frac{2}{7}$ (m)입니다.

3 (1) 서준이는 케이크를 전체의 $\frac{1}{4}$, 태형이는 전체의 $\frac{2}{4}$ 를 먹었으므로 서준이와 태형이가 먹은 케이크의 합은 $\frac{1}{4}+\frac{2}{4}=\frac{3}{4}$ 입니다.

(2) 원래 케이크의 양에서 서준이와 태형이가 먹은 양의 합을 뺍니다. 따라서 $1-\frac{1}{4}-\frac{2}{4}=\frac{1}{4}$ 입니다.

개념 다시보기 **053쪽**

1 7, 3, $\frac{4}{7}$

2 5, 3, $\frac{2}{5}$

3 3, 2, $\frac{1}{3}$

4 6, 3, $\frac{3}{6}$

5 9, 6, $\frac{3}{9}$

6 6, 4, $\frac{2}{6}$

7 15, 13, $\frac{2}{15}$

8 16, 13, $\frac{3}{16}$

도전해 보세요 **053쪽**

1 코끼리

2 (1) $1\frac{2}{5}$ (2) $\frac{5}{7}$

1 토끼의 계산결과는 $1-\frac{4}{5}=\frac{1}{5}$, 호랑이의 계산 결과는 $1-\frac{3}{5}=\frac{2}{5}$ 이고 코끼리의 계산 결과는 $1-\frac{2}{5}=\frac{3}{5}$ 입니다. 따라서 코끼리의 계산 결과가 가장 큽니다.

2 (1) $2\frac{3}{5}-1\frac{1}{5}=(2-1)+(\frac{3}{5}-\frac{1}{5})=1+\frac{2}{5}=1\frac{2}{5}$

(2) $4\frac{6}{7}-4\frac{1}{7}=\frac{34}{7}-\frac{29}{7}=\frac{5}{7}$

8단계 대분수의 뺄셈

배운 것을 기억해 볼까요? **054쪽**

1 $\frac{5}{6}$

2 $1\frac{2}{8}$

3 $1\frac{4}{9}$

개념 익히기 **055쪽**

1 3, 1, $\frac{2}{5}$, $\frac{1}{5}$, 2, $\frac{1}{5}$, $2\frac{1}{5}$

2 5, 2, $\frac{5}{6}$, $\frac{1}{6}$, 3, $\frac{4}{6}$, $3\frac{4}{6}$

3 4, 1, $\frac{4}{7}$, $\frac{2}{7}$, 3, $\frac{2}{7}$, $3\frac{2}{7}$

4 8, 6, $\frac{4}{8}$, $\frac{3}{8}$, 2, $\frac{1}{8}$, $2\frac{1}{8}$

5 2, 1, $\frac{8}{9}$, $\frac{4}{9}$, 1, $\frac{4}{9}$, $1\frac{4}{9}$

6 4, 2, $\frac{6}{10}$, $\frac{1}{10}$, 2, $\frac{5}{10}$, $2\frac{5}{10}$

개념 다지기 **056쪽**

1 3, $\frac{1}{4}$, $3\frac{1}{4}$

2 1, $\frac{1}{5}$, $1\frac{1}{5}$

3 1, $\frac{1}{6}$, $1\frac{1}{6}$

4 3, $\frac{2}{6}$, $3\frac{2}{6}$

5 2, $\frac{2}{7}$, $2\frac{2}{7}$

6 5, $\frac{3}{9}$, $5\frac{3}{9}$

7 14, 10, 4, 1, 1

8 23, 16, 7, 1, 2

9 41, 25, 16, 2, 4

10 79, 34, 45, 5, 5

11 17, 13, 4, 1, 1

12 99, 64, 35, 3, 5

선생님놀이

8에서 5를 먼저 빼면 3이에요. $\frac{3}{6}$에서 $\frac{1}{6}$을 빼면 $\frac{2}{6}$예요. 따라서 3과 $\frac{2}{6}$를 더하여 $3\frac{2}{6}$예요.

$4\frac{3}{5}$을 가분수로 바꾸면 $\frac{23}{5}$이고, $3\frac{1}{5}$을 가분수로 바꾸면 $\frac{16}{5}$이에요. $\frac{23}{5}$에서 $\frac{16}{5}$을 빼면 $\frac{7}{5}$이에요. 이를 대분수로 나타내면 $1\frac{2}{5}$예요.

개념 다지기 **057쪽**

1 $6\frac{2}{4}-4\frac{1}{4}=2+\frac{1}{4}=2\frac{1}{4}$

2 $6\frac{5}{6}-2\frac{1}{6}=4+\frac{4}{6}=4\frac{4}{6}$

3 $3\frac{5}{7}-1\frac{3}{7}=2+\frac{2}{7}=2\frac{2}{7}$

4 $4\frac{7}{8}-2\frac{3}{8}=2+\frac{4}{8}=2\frac{4}{8}$

5 $5\frac{7}{9}-3\frac{3}{9}=2+\frac{4}{9}=2\frac{4}{9}$

6 $5\frac{8}{10}-4\frac{4}{10}=1+\frac{4}{10}=1\frac{4}{10}$

7 $5\frac{10}{11}-4\frac{3}{11}=1+\frac{7}{11}=1\frac{7}{11}$

8 $2\frac{11}{13}-1\frac{3}{13}=1+\frac{8}{13}=1\frac{8}{13}$

9 $6\frac{13}{15}-5\frac{10}{15}=1+\frac{3}{15}=1\frac{3}{15}$

10 $8\frac{9}{16}-2\frac{7}{16}=6+\frac{2}{16}=6\frac{2}{16}$

개념 키우기 **058쪽**

1 서준, $1\frac{2}{12}$

2 식: $3\frac{5}{6}-1\frac{3}{6}=2\frac{2}{6}$　　답: $2\frac{2}{6}$

3 (1) 식: $2\frac{8}{10}-1\frac{5}{10}=1\frac{3}{10}$　　답: $1\frac{3}{10}$

(2) 식: $1\frac{5}{10}-1\frac{1}{10}=\frac{4}{10}$　　답: $\frac{4}{10}$

(3) 식: $2\frac{8}{10}-1\frac{1}{10}=1\frac{7}{10}$　　답: $1\frac{7}{10}$

1 $1\frac{5}{12}$ 보다 $2\frac{7}{12}$ 이 더 크므로 서준이의 집이 학교까지 더 가깝습니다. $2\frac{7}{12}-1\frac{5}{12}=1\frac{2}{12}$ 이므로 서준이의 집이 $1\frac{2}{12}$ km 더 가깝습니다.

2 원래 있던 소금의 양에서 어머니가 사용한 소금의 양을 빼면 $3\frac{5}{6}-1\frac{3}{6}=2\frac{2}{6}$(kg)입니다.

3 (1) 태형이의 기록에서 서준이의 기록을 빼면 $2\frac{8}{10}-1\frac{5}{10}=1\frac{3}{10}$ 입니다. 따라서 태형이는 서준이보다 $1\frac{3}{10}$ m 더 멀리 뛰었습니다.

(2) 서준이의 기록에서 민서의 기록을 빼면 $1\frac{5}{10}-1\frac{1}{10}=\frac{4}{10}$ 입니다. 따라서 서준이는 민서보다 $\frac{4}{10}$ m 더 멀리 뛰었습니다.

(3) 태형이의 기록에서 민서의 기록을 빼면 $2\frac{8}{10}-1\frac{1}{10}=1\frac{7}{10}$ 입니다. 따라서 태형이는 민서보다 $1\frac{7}{10}$ m 더 멀리 뛰었습니다.

개념 다시보기 **059쪽**

1 $3\frac{3}{7}$

2 $2\frac{1}{5}$

3 5

4 $3\frac{2}{6}$

5 $2\frac{1}{4}$

6 $\frac{2}{6}$

7 $2\frac{1}{6}$

8 $1\frac{2}{9}$

9 $3\frac{4}{19}$

10 $1\frac{2}{5}$

도전해 보세요 **059쪽**

1 4

2 (1) $\frac{3}{4}$　(2) $1\frac{2}{3}$

1 $5\frac{7}{14}-2\frac{4}{14}=3\frac{3}{14}$ 입니다. $3\frac{\square}{14}$ 는 $3\frac{3}{14}$ 보다 커야 하므로 □는 3보다 커야 합니다. 따라서 □안에 들어갈 수 있는 가장 작은 수는 4입니다.

2 (1) $2-1\frac{1}{4}=1\frac{4}{4}-1\frac{1}{4}=\frac{3}{4}$

(2) $4-2\frac{1}{3}=3\frac{3}{3}-2\frac{1}{3}=1\frac{2}{3}$

9단계 (자연수)-(분수)

배운 것을 기억해 볼까요? 060쪽

1 $\frac{4}{6}$ 2 $2\frac{1}{5}$ 3 $4\frac{2}{10}$

개념 익히기 061쪽

1 $2\frac{5}{5}$, $1\frac{4}{5}$, 1, $\frac{1}{5}$, $1\frac{1}{5}$

2 $3\frac{7}{7}$, $1\frac{2}{7}$, 2, $\frac{5}{7}$, $2\frac{5}{7}$

3 $4\frac{6}{6}$, $2\frac{1}{6}$, $2\frac{5}{6}$

4 $\frac{12}{4}$, $\frac{7}{4}$, $\frac{5}{4}$, $1\frac{1}{4}$

5 $\frac{20}{5}$, $\frac{12}{5}$, $\frac{8}{5}$, $1\frac{3}{5}$

6 $\frac{48}{8}$, $\frac{31}{8}$, $\frac{17}{8}$, $2\frac{1}{8}$

개념 다지기 062쪽

1 $4\frac{7}{7}$, $3\frac{3}{7}$, $1\frac{4}{7}$

2 $7\frac{6}{6}$, $1\frac{3}{6}$, $6\frac{3}{6}$

3 $8\frac{7}{7}$, $4\frac{3}{7}$, $4\frac{4}{7}$

4 $7\frac{9}{9}$, $6\frac{3}{9}$, $1\frac{6}{9}$

5 $5\frac{6}{6}$, $4\frac{1}{6}$, $1\frac{5}{6}$

6 $8\frac{8}{8}$, $4\frac{2}{8}$, $4\frac{6}{8}$

7 $\frac{20}{5}$, $\frac{13}{5}$, $\frac{7}{5}$, $1\frac{2}{5}$

8 $\frac{72}{9}$, $\frac{60}{9}$, $\frac{12}{9}$, $1\frac{3}{9}$

선생님놀이

4 빼는 수의 분모가 9이므로 8에서 1만큼을 가분수로 나타내면 $7\frac{9}{9}$예요. 따라서 $8-6\frac{3}{9}=7\frac{9}{9}-6\frac{3}{9}$으로 나타낼 수 있어요. 7에서 6을 먼저 빼면 1이고, $\frac{9}{9}$에서 $\frac{3}{9}$을 빼면 $\frac{6}{9}$이에요. 1과 $\frac{6}{9}$을 더하면 $1\frac{6}{9}$이에요.

7 빼는 수의 분모가 5이므로 4를 분모가 5인 가분수로 바꾸면 $\frac{20}{5}$이고, $2\frac{3}{5}$을 가분수로 바꾸면 $\frac{13}{5}$이에요. 따라서 $4-2\frac{3}{5}=\frac{20}{5}-\frac{13}{5}$으로 나타낼 수 있어요. $\frac{20}{5}-\frac{13}{5}=\frac{7}{5}$이고 대분수로 나타내면 $1\frac{2}{5}$예요.

개념 다지기 063쪽

1 $5-2\frac{3}{8}=4\frac{8}{8}-2\frac{3}{8}=2\frac{5}{8}$

2 $2-\frac{2}{7}=1\frac{7}{7}-\frac{2}{7}=1\frac{5}{7}$

3 $6-1\frac{2}{4}=5\frac{4}{4}-1\frac{2}{4}=4\frac{2}{4}$

4 $4-1\frac{3}{8}=3\frac{8}{8}-1\frac{3}{8}=2\frac{5}{8}$

5 $5-3\frac{4}{10}=4\frac{10}{10}-3\frac{4}{10}=1\frac{6}{10}$

6 $6-4\frac{9}{11}=5\frac{11}{11}-4\frac{9}{11}=1\frac{2}{11}$

7 $8-5\frac{1}{2}=7\frac{2}{2}-5\frac{1}{2}=2\frac{1}{2}$

8 $7-3\frac{6}{7}=6\frac{7}{7}-3\frac{6}{7}=3\frac{1}{7}$

9 $9-5\frac{8}{15}=8\frac{15}{15}-5\frac{8}{15}=3\frac{7}{15}$

10 $10-6\frac{11}{17}=9\frac{17}{17}-6\frac{11}{17}=3\frac{6}{17}$

선생님놀이

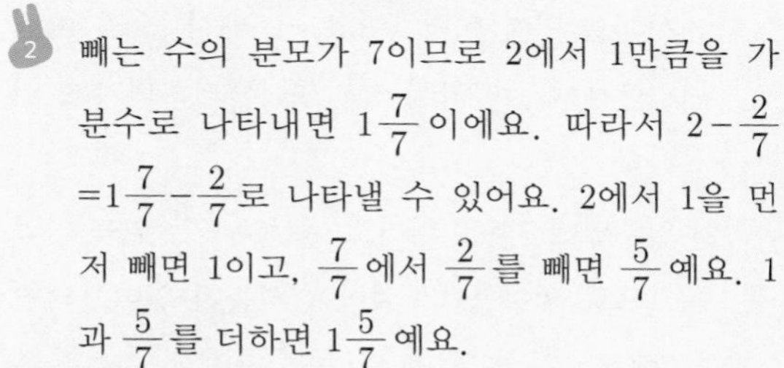

2 빼는 수의 분모가 7이므로 2에서 1만큼을 가분수로 나타내면 $1\frac{7}{7}$이에요. 따라서 $2-\frac{2}{7}=1\frac{7}{7}-\frac{2}{7}$로 나타낼 수 있어요. 2에서 1을 먼저 빼면 1이고, $\frac{7}{7}$에서 $\frac{2}{7}$를 빼면 $\frac{5}{7}$예요. 1과 $\frac{5}{7}$를 더하면 $1\frac{5}{7}$예요.

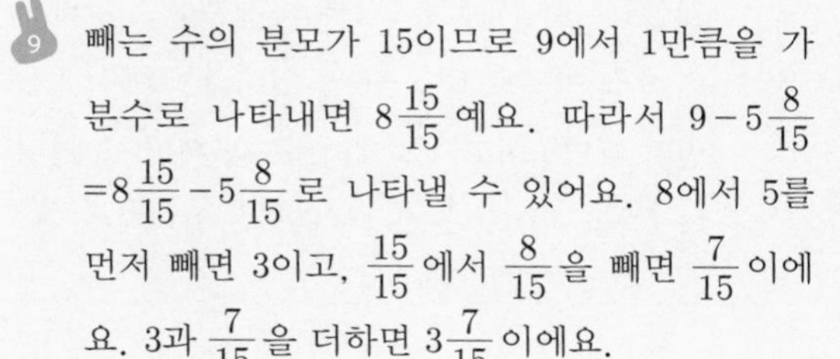

9 빼는 수의 분모가 15이므로 9에서 1만큼을 가분수로 나타내면 $8\frac{15}{15}$예요. 따라서 $9-5\frac{8}{15}=8\frac{15}{15}-5\frac{8}{15}$로 나타낼 수 있어요. 8에서 5를 먼저 빼면 3이고, $\frac{15}{15}$에서 $\frac{8}{15}$을 빼면 $\frac{7}{15}$이에요. 3과 $\frac{7}{15}$을 더하면 $3\frac{7}{15}$이에요.

개념 키우기 **064쪽**

1 식: $5-1\frac{5}{10}=4\frac{10}{10}-1\frac{5}{10}=3\frac{5}{10}$ 답: $3\frac{5}{10}$

2 6

3 (1) 식: $7-5\frac{5}{7}=6\frac{7}{7}-5\frac{5}{7}=1\frac{2}{7}$ 답: $1\frac{2}{7}$

(2) 식: $7-6\frac{6}{7}=6\frac{7}{7}-6\frac{6}{7}=\frac{1}{7}$ 답: $\frac{1}{7}$

1 원래 있던 주스의 양에서 남은 주스의 양을 뺍니다. 따라서 $5-1\frac{5}{10}$를 계산하면 됩니다. 빼는 수의 분모가 10이므로 5에서 1만큼을 가분수로 나타내면 $4\frac{10}{10}-1\frac{5}{10}$입니다. 4에서 1을 먼저 빼면 3이고, $\frac{10}{10}$에서 $\frac{5}{10}$를 빼면 $\frac{5}{10}$입니다. 따라서 $3+\frac{5}{10}=3\frac{5}{10}$ (L)입니다.

2 어떤 자연수에서 $2\frac{3}{5}$을 빼어 $3\frac{2}{5}$가 나온다는 것은, $2\frac{3}{5}$과 $3\frac{2}{5}$를 더하면 어떤 자연수가 나온다는 것과 같습니다. 따라서 $2\frac{3}{5}+3\frac{2}{5}$를 계산하면, 2와 3을 먼저 더하면 5이고, $\frac{3}{5}$과 $\frac{2}{5}$를 더하면 $\frac{5}{5}$입니다. 5와 $\frac{5}{5}$를 더하면 6입니다.

3 (1) 일주일에 7권을 읽기로 했는데 $5\frac{5}{7}$권을 읽었으므로 얼마를 더 읽어야 하는지 알아보려면 7에서 $5\frac{5}{7}$를 빼면 됩니다. 따라서 $7-5\frac{5}{7}$를 계산합니다. 7에서 1만큼을 가분수로 나타내면 $6\frac{7}{7}$이므로 $6\frac{7}{7}-5\frac{5}{7}$입니다. 6에서 5를 먼저 빼면 1이고, $\frac{8}{7}$에서 $\frac{5}{7}$를 빼면 $\frac{2}{7}$입니다. 따라서 1과 $\frac{2}{7}$를 더하면 $1\frac{2}{7}$입니다.

(2) 일주일에 7권을 읽기로 했는데 $6\frac{6}{7}$권을 읽었으므로 얼마를 더 읽어야 하는지 알아보려면 7에서 $6\frac{6}{7}$을 빼면 됩니다. 따라서 $7-6\frac{6}{7}$을 계산합니다. 7에서 1만큼을 가분수로 나타내면 $6\frac{7}{7}$이므로 $6\frac{7}{7}-6\frac{6}{7}$입니다. 6에서 6을 먼저 빼면 0이고, $\frac{7}{7}$에서 $\frac{6}{7}$을 빼면 $\frac{1}{7}$입니다. 따라서 0과 $\frac{1}{7}$을 더하면 $\frac{1}{7}$입니다.

개념 다시보기 **065쪽**

1 $2\frac{9}{12}$	2 $1\frac{2}{5}$	3 $6\frac{1}{3}$
4 $2\frac{5}{8}$	5 $3\frac{4}{7}$	6 $1\frac{1}{2}$
7 $1\frac{3}{7}$	8 $4\frac{4}{9}$	9 $1\frac{2}{6}$
10 $4\frac{3}{9}$	11 $1\frac{6}{19}$	12 $3\frac{3}{5}$

도전해 보세요 **065쪽**

1 $9\frac{2}{5}$, $6\frac{1}{8}$

2 (1) $1\frac{2}{4}$ (2) $2\frac{2}{3}$

1 $12-2\frac{3}{5}$에서 빼는 수의 분모가 5이므로 12에서 1만큼을 가분수로 나타내면 $11\frac{5}{5}-2\frac{3}{5}$입니다. 11에서 2를 먼저 빼면 9이고, $\frac{5}{5}$에서 $\frac{3}{5}$을 빼면 $\frac{2}{5}$입니다. 따라서 9와 $\frac{2}{5}$를 더하면 $9\frac{2}{5}$입니다. 빼는 수의 분모가 8이므로 $12-5\frac{7}{8}$에서 1만큼을 가분수로 나타내면 $11\frac{8}{8}-5\frac{7}{8}$입니다. 11에서 5를 먼저 빼면 6이고, $\frac{8}{8}$에서 $\frac{7}{8}$을 빼면 $\frac{1}{8}$입니다. 따라서 6과 $\frac{1}{8}$을 더하면 $6\frac{1}{8}$입니다.

2 (1) $3\frac{1}{4}-1\frac{3}{4}$을 계산할 때 3에서 1만큼을 가분수로 나타내면 $2\frac{5}{4}-1\frac{3}{4}$입니다. 2에서 1을 먼저 빼면 1이고, $\frac{5}{4}$에서 $\frac{3}{4}$을 빼면 $\frac{2}{4}$입니다. 따라서 1과 $\frac{2}{4}$를 더하면 $1\frac{2}{4}$입니다.

(2) $5\frac{1}{3}-2\frac{2}{3}$를 계산할 때 5에서 1만큼을 가분수로 나타내면 $4\frac{4}{3}-2\frac{2}{3}$입니다. 4에서 2를 먼저 빼면 2이고, $\frac{4}{3}$에서 $\frac{2}{3}$를 빼면 $\frac{2}{3}$입니다. 따라서 2와 $\frac{2}{3}$를 더하면 $2\frac{2}{3}$입니다.

10단계 빼는 진분수가 더 큰 대분수의 뺄셈

배운 것을 기억해 볼까요? 066쪽

① $3\frac{1}{7}$ ② $\frac{2}{3}$ ③ $2\frac{9}{10}$

개념 익히기 067쪽

① 7, 7, 1, 3, $1\frac{3}{6}$

② 3, 8, 3, 1, 8, 2, 2, 6, 2, 6

③ 4, 8, 2, 3, 2, 3

④ 8, 10, 2, 7, 2, 7

⑤ $3\frac{6}{5}$, $2\frac{2}{5}$, 1, $\frac{4}{5}$, $1\frac{4}{5}$

⑥ $7\frac{12}{9}$, $1\frac{4}{9}$, 6, $\frac{8}{9}$, $6\frac{8}{9}$

개념 다지기 068쪽

① $4\frac{9}{7}$, $3\frac{3}{7}$, $1\frac{6}{7}$ ② $7\frac{7}{6}$, $1\frac{3}{6}$, $6\frac{4}{6}$

③ $7\frac{6}{5}$, $3\frac{2}{5}$, $4\frac{4}{5}$ ④ $8\frac{28}{17}$, $4\frac{13}{17}$, $4\frac{15}{17}$

⑤ $6\frac{21}{12}$, $3\frac{11}{12}$, $3\frac{10}{12}$ ⑥ $8\frac{9}{6}$, $7\frac{4}{6}$, $1\frac{5}{6}$

⑦ $4\frac{17}{10}$, $3\frac{9}{10}$, $1\frac{8}{10}$ ⑧ $4\frac{8}{5}$, $3\frac{4}{5}$, $1\frac{4}{5}$

선생님놀이

$9\frac{11}{17}$에서 1만큼을 가분수로 나타내면 $8\frac{28}{17}$이에요. 8에서 4를 먼저 빼면 4이고, $\frac{28}{17}$에서 $\frac{13}{17}$을 빼면 $\frac{15}{17}$예요. 따라서 4와 $\frac{15}{17}$를 더하면 $4\frac{15}{17}$예요.

$5\frac{3}{5}$에서 1만큼을 가분수로 나타내면 $4\frac{8}{5}$이에요. 4에서 3을 먼저 빼면 1이고, $\frac{8}{5}$에서 $\frac{4}{5}$를 빼면 $\frac{4}{5}$예요. 따라서 1과 $\frac{4}{5}$를 더하면 $1\frac{4}{5}$예요.

개념 다지기 069쪽

① $6\frac{2}{4}-1\frac{3}{4}=5\frac{6}{4}-1\frac{3}{4}=4\frac{3}{4}$

② $5\frac{1}{8}-2\frac{3}{8}=4\frac{9}{8}-2\frac{3}{8}=2\frac{6}{8}$

③ $2\frac{4}{7}-1\frac{5}{7}=1\frac{11}{7}-1\frac{5}{7}=\frac{6}{7}$

④ $4\frac{2}{8}-1\frac{3}{8}=3\frac{10}{8}-1\frac{3}{8}=2\frac{7}{8}$

⑤ $6\frac{4}{6}-2\frac{5}{6}=5\frac{10}{6}-2\frac{5}{6}=3\frac{5}{6}$

⑥ $5\frac{3}{10}-3\frac{4}{10}=4\frac{13}{10}-3\frac{4}{10}=1\frac{9}{10}$

⑦ $7\frac{7}{11}-4\frac{9}{11}=6\frac{18}{11}-4\frac{9}{11}=2\frac{9}{11}$

⑧ $8\frac{2}{12}-5\frac{11}{12}=7\frac{14}{12}-5\frac{11}{12}=2\frac{3}{12}$

⑨ $6\frac{3}{13}-1\frac{8}{13}=5\frac{16}{13}-1\frac{8}{13}=4\frac{8}{13}$

⑩ $9\frac{7}{15}-5\frac{8}{15}=8\frac{22}{15}-5\frac{8}{15}=3\frac{14}{15}$

선생님놀이

3: $2\frac{4}{7}-1\frac{5}{7}$의 2에서 1만큼을 가분수로 나타내면 $1\frac{11}{7}-1\frac{5}{7}$예요. 1에서 1을 먼저 빼면 0이고, $\frac{11}{7}$에서 $\frac{5}{7}$를 빼면 $\frac{6}{7}$이에요. 따라서 0과 $\frac{6}{7}$을 더하면 $\frac{6}{7}$이에요.

10: $9\frac{7}{15}-5\frac{8}{15}$의 9에서 1만큼을 가분수로 나타내면 $8\frac{22}{15}-5\frac{8}{15}$이에요. 8에서 5를 먼저 빼면 3이고, $\frac{22}{15}$에서 $\frac{8}{15}$을 빼면 $\frac{14}{15}$예요. 따라서 3과 $\frac{14}{15}$를 더하면 $3\frac{14}{15}$예요.

개념 키우기 070쪽

① 식: $5\frac{2}{9}-1\frac{4}{9}=4\frac{11}{9}-1\frac{4}{9}=3\frac{7}{9}$ 답: $3\frac{7}{9}$

② 식: $1\frac{1}{6}-\frac{2}{6}=\frac{7}{6}-\frac{2}{6}=\frac{5}{6}$ 답: $\frac{5}{6}$

③ (1) 식: $7\frac{1}{5}-1\frac{3}{5}=6\frac{6}{5}-1\frac{3}{5}=5\frac{3}{5}$ 답: $5\frac{3}{5}$

(2) 식: $4\frac{2}{5}-1\frac{4}{5}=3\frac{7}{5}-1\frac{4}{5}=2\frac{3}{5}$ 답: $2\frac{3}{5}$

1. 원래 있던 쌀의 양에서 먹은 쌀의 양을 뺍니다. 따라서 식은 $5\frac{2}{9}-1\frac{4}{9}$이고 5에서 1만큼을 가분수로 나타내면 $4\frac{11}{9}-1\frac{4}{9}=3\frac{7}{9}$입니다.
2. 오늘은 운동을 어제보다 $\frac{2}{6}$시간 적게 했으므로 식은 $1\frac{1}{6}-\frac{2}{6}$입니다. 1만큼을 가분수로 나타내면 $\frac{7}{6}-\frac{2}{6}=\frac{5}{6}$ 입니다.
3. (1) 아동복 한 벌을 만드는 데 페트병 $1\frac{3}{5}$이 사용되므로 남은 페트병의 양은 $7\frac{1}{5}-1\frac{3}{5}$을 계산하면 됩니다. 7에서 1만큼을 가분수로 나타내면 $6\frac{6}{5}-1\frac{3}{5}=5\frac{3}{5}$입니다.
   (2) 운동복 한 벌을 만드는 데 페트병 $1\frac{4}{5}$가 사용되므로 남은 페트병의 양은 $4\frac{2}{5}-1\frac{4}{5}$를 계산하면 됩니다. 4에서 1만큼을 가분수로 나타내면 $3\frac{7}{5}-1\frac{4}{5}=2\frac{3}{5}$입니다.

개념 다시보기 071쪽

1. $1\frac{3}{5}$ 2. $1\frac{2}{3}$ 3. $2\frac{7}{8}$
4. $3\frac{5}{7}$ 5. $\frac{5}{6}$ 6. $4\frac{7}{9}$
7. $1\frac{4}{6}$ 8. $3\frac{6}{9}$

도전해 보세요 071쪽

1. $5\frac{5}{7}$ 2. $5\frac{8}{9}$

1. 이어 붙인 색 테이프의 길이는 두 색 테이프의 길이에서 겹쳐진 부분의 길이를 뺀 것과 같습니다. 따라서 $3\frac{1}{7}+4\frac{2}{7}=7\frac{3}{7}$ 에서 겹쳐진 길이인 $1\frac{5}{7}$를 빼어 $5\frac{5}{7}$가 됩니다.
2. 남은 밀가루의 양은 원래 있던 밀가루의 양에서 사용한 밀가루의 양을 뺀 것과 같습니다. 따라서 $7\frac{1}{9}-1\frac{2}{9}=5\frac{8}{9}$ 입니다.

11단계 소수 두 자리 수

배운 것을 기억해 볼까요? 072쪽

1. 3, 2, 4, 5
2. 0, 1
3. 2.5

개념 익히기 073쪽

1. 쓰기 0.01 읽기 영 점 영일
2. 쓰기 0.17 읽기 영 점 일칠
3. 쓰기 0.34 읽기 영 점 삼사
4. 쓰기 0.07 읽기 영 점 영칠
5. 쓰기 0.39 읽기 영 점 삼구
6. 쓰기 1.23 읽기 일 점 이삼
7. 쓰기 2.63 읽기 이 점 육삼
8. 쓰기 1.37 읽기 일 점 삼칠
9. 쓰기 6.03 읽기 육 점 영삼

개념 다지기 074쪽

1. 2, 9, 4
2. 3, 7, 2
3. 0.46
4. 7.03
5. 0, 4, 5
6. 3, 4, 6
7. 5, 3
8. 7, 0.1, 0.01
9. 8, 0.9, 0.06
10. 30, 2, 0.8, 0.07

선생님놀이

일의 자리 숫자가 7, 소수 첫째 자리 숫자가 0이고 소수 둘째 자리 숫자가 3이니까 7.03이에요.

32.87은 십의 자리 숫자가 3, 일의 자리 숫자가 2, 소수 첫째 자리 숫자가 8, 소수 둘째 자리 숫자가 7이니까 30, 2, 0.8, 0.07을 모두 더한 값이에요.

개념 다지기 075쪽

1 쓰기 0.54 읽기 영 점 오사
2 쓰기 0.24 읽기 영 점 이사
3 쓰기 10.54 읽기 십 점 오사
4 쓰기 3.71 읽기 삼 점 칠일
5 쓰기 14.69 읽기 십사 점 육구
6 쓰기 40.95 읽기 사십 점 구오
7 쓰기 0.54 읽기 영 점 오사
8 쓰기 5.07 읽기 오 점 영칠

선생님놀이

6 10이 4인 수는 40, 0.1이 8인 수는 0.8, 0.01이 15인 수는 0.15예요. 따라서 40+0.8+0.15=40.95라 쓰고 사십 점 구오라고 읽어요.

8 1이 5인 수는 5, 0.01이 7인 수는 0.07이에요. 따라서 5+0.07=5.07이라 쓰고 오 점 영칠이라고 읽어요.

개념 키우기 076쪽

1 0.2
2 1.82
3 (1) 쓰기 34.18 읽기 삼십사 점 일팔
(2) 쓰기 37.06 읽기 삼십칠 점 영육
(3) 쓰기 0.65 읽기 영 점 육오
쓰기 0.75 읽기 영 점 칠오

1 소수 첫째 자리 숫자가 2이므로 나타내는 수는 0.2입니다.
2 1000 m가 1 km이므로 1820 m는 1.82 km입니다.
3 (1) 민서의 몸무게는 34.18 kg입니다. 34.18은 삼십사 점 일팔이라고 읽습니다.
(2) 서준이의 몸무게는 37.06 kg입니다. 37.06은 삼십칠 점 영육이라고 읽습니다.
(3) 그림에서 민서가 맞아야 하는 주사기의 눈금을 읽으면 0.65입니다. 0.65는 영 점 육오라고 읽습니다. 서준이가 맞아야 하는 주사기의 눈금을 읽으면 0.75입니다. 0.75는 영 점 칠오라고 읽습니다.

개념 다시보기 077쪽

1 5, 6, 4
2 6, 2, 1
3 0, 6, 3 읽기 영 점 육삼
4 9, 3, 2 읽기 구 점 삼이
5 0.1, 0.03
6 3, 0.9, 0.08

도전해 보세요 077쪽

1 2.36
2 영 점 영오일, ○

1 2.3과 2.4 사이가 5칸으로 나뉘어 있습니다. 따라서 한 칸이 나타내는 수는 0.02입니다. □ 안의 수는 2.3으로부터 오른쪽으로 3칸 떨어져 있으므로 0.02씩 3번 뛰어 세면 2.36입니다.
2 0.051은 영 점 영오일이라고 읽습니다.
3.024는 삼 점 영이사라고 읽습니다.

12단계 소수 세 자리 수

배운 것을 기억해 볼까요? 078쪽

1 3.6
2 0.52
3 3, 0, 5

개념 익히기 079쪽

1 0.001 읽기 영 점 영영일
0.007 읽기 영 점 영영칠
2 0.341 읽기 영 점 삼사일
0.345 읽기 영 점 삼사오
3 1.403 읽기 일 점 사영삼
1.405 읽기 일 점 사영오
4 3.112 읽기 삼 점 일일이
3.119 읽기 삼 점 일일구

개념 다지기 **080쪽**

1. 1, 2, 4, 2
2. 3, 7, 9, 6
3. 4.003
4. 7.207
5. 0.007
6. 0.025
7. 0.351
8. 0.05
9. 1, 2, 4
10. 0.1, 0.01, 3
11. (왼쪽) 0.527, 0.518, 0.428
    (오른쪽) 0.529, 0.538, 0.628
12. (왼쪽) 3.288, 3.279, 3.189
    (오른쪽) 3.29, 3.299, 3.389

개념 다지기 **081쪽**

1. 3.216=3+0.2+0.01+0.006
2. 0.637=0.6+0.03+0.007
3. 2.573=2+0.5+0.07+0.003
4. 4.839=4+0.8+0.03+0.009
5. 6.709=6+0.7+0.009
6. 10.472=10+0.4+0.07+0.002
7. 12.062=10+2+0.06+0.002
8. 15.001=10+5+0.001
9. 30.107=30+0.1+0.007
10. 42.802=40+2+0.8+0.002

개념 키우기 **082쪽**

1. 2.744, 1.638
2. (1) **쓰기** 0.354 **읽기** 영 점 삼오사
    쓰기 0.344 **읽기** 영 점 삼사사
   (2) **쓰기** 0.336 **읽기** 영 점 삼삼육

1. 가장 높은 산은 백두산이고 가장 낮은 산은 금강산입니다. 1000 m=1 km입니다. 따라서 2744 m=2.744 km입니다. 또한 1638 m=1.638 km입니다.
2. (1) 0.354는 영 점 삼오사라고 읽습니다.
   0.344는 영 점 삼사사라고 읽습니다.
   (2) 0.336은 영 점 삼삼육이라고 읽습니다.

개념 다시보기 **083쪽**

1. 0, 3, 2, 6
2. 4, 1, 2, 5
3. 3, 1, 6
4. 2, 1, 3
5. 0.7, 0.04, 0.009
6. 0.06, 0.002
7. (왼쪽) 0.69, 0.681, 0.591
   (오른쪽) 0.692, 0.701, 0.791

도전해 보세요 **083쪽**

1. 4.728
2. (1) < (2) >

1. 4.72와 4.73 사이는 5개의 칸으로 나뉘어 있습니다. 따라서 한 칸이 나타내는 수는 0.002입니다. □ 안의 수는 4.72로부터 오른쪽으로 4칸 떨어져 있으므로 0.02씩 4번 뛰어 세면 4.728입니다.
2. (1) 2.36과 3.012의 일의 자리를 비교하면 2<3이므로 3.012가 더 큽니다.
   (2) 5.031과 5.029의 소수 둘째 자리를 비교하면 3>2이므로 5.031이 더 큽니다.

13단계 소수의 크기 비교

배운 것을 기억해 볼까요? 084쪽

1 >

2 0.482, 0.592

개념 익히기 085쪽

1 (위에서 부터) 1, 9, 2, 0, 9, 5, >
2 (위에서 부터) 0, 7, 0, 0, 7, 0, =
3 (위에서 부터) 3, 8, 9, 9, 3, 9, 1, 6, <
4 (위에서 부터) 4, 9, 4, 2, 4, 9, 5, 1, <
5 (위에서 부터) 6, 7, 3, 8, 6, 7, 3, 1, >
6 (위에서 부터) 0, 9, 1, 6, 0, 9, 1, 0, >

개념 다지기 086쪽

1 < 2 >
3 < 4 <
5 > 6 >
7 < 8 >
9 < 10 <
11 < 12 <
13 < 14 >
15 > 16 <
17 > 18 <

선생님놀이

14.01의 오른쪽 끝자리에 0을 붙여서 나타내면 14.010이에요. 14.014와 14.010의 소수 셋째 자리를 비교해 보면 4>0이므로 14.014가 더 커요.

7.14의 오른쪽 끝자리에 0을 붙여서 나타내면 7.140이에요. 7.140과 7.146의 소수 셋째 자리를 비교해 보면 0<6이므로 7.146이 더 커요.

개념 다지기 087쪽

1 = 2 >
3 = 4 <
5 < 6 <
7 > 8 <
9 < 10 >
11 < 12 <
13 < 14 <
15 > 16 <
17 = 18 >

선생님놀이

3.01과 3.10의 소수 첫째 자리를 비교해 보면 0<1이므로 3.10이 더 커요.

$1\frac{305}{1000}$를 소수로 나타내면 1.305예요. 1.350과 1.305의 소수 둘째 자리를 비교해보면 5>0이므로 1.350이 더 커요.

개념 키우기 088쪽

1 (1) 서준, 강준, 민서
(2) 강준, 서준, 민서

2 (1) 삼도봉 : 1.533, 토끼봉: 1.538, 중봉: 1.874, 하봉: 1.781
(2) 천왕봉, 1.916
(3) 노고단, 1.507

1 (1) 세 수의 십의 자리를 비교하면 1<2이므로 15.4가 가장 작습니다. 25.7과 23.0의 일의 자리를 비교하면 3<5이므로 25.7이 가장 큽니다. 따라서 15.4<23.0<25.7입니다.
(2) 세 수의 십의 자리를 비교하면 0<1이므로 10.1이 가장 큽니다. 9.12와 9.07의 소수 첫째 자리를 비교하면 0<1이므로 9.07이 가장 작습니다. 따라서 9.07<9.12<10.1입니다.

2 (1) 1000 m=1 km입니다. 따라서 삼도봉은 1533 m=1.533 km, 토끼봉은 1538 m=1.538 km, 중봉은 1874 m=1.874 km, 하봉은 1781 m=1.781 km입니다.
(2) 그림에서 가장 높은 봉우리는 천왕봉이고 높이는 1916 m입니다. 1916 m=1.916 km입니다.
(3) 그림에서 가장 낮은 봉우리는 노고단이고 높이는 1507 m입니다. 1507 m=1.507 km입니다.

개념 다시보기 089쪽

1 < 2 >
3 < 4 >

5 <
6 <
7 <
8 <
9 =
10 <
11 <
12 =

도전해 보세요 089쪽

1 가장 큰 수: 9.63　가장 작은 수: 3.69
2 ㉠, ㉢, ㉡

1 가장 큰 소수 두 자리 수를 만들려면 일의 자리가 가장 커야 합니다. 따라서 가장 큰 9가 일의 자리가 됩니다. 또 두 번째로 큰 6이 소수 첫째 자리가 됩니다. 마지막으로 가장 작은 3이 소수 둘째 자리가 됩니다. 가장 큰 수는 9.63입니다. 가장 작은 소수 두 자리 수를 만들려면 일의 자리가 가장 작아야 합니다. 따라서 가장 작은 3이 일의 자리가 됩니다. 또 두 번째로 작은 6이 소수 첫째 자리가 됩니다. 마지막으로 가장 큰 9가 소수 둘째 자리가 됩니다. 가장 작은 수는 3.69입니다.
2 세 수의 일의 자리를 비교하면 ㉡과 ㉢은 9입니다. ㉠의 일의 자리에 9보다 작은 수를 넣으면 세 수 중 ㉠이 가장 작지만 9를 넣는 경우에도 ㉠이 가장 작은지 알아보려면 세 수의 소수 첫째 자리를 비교해야 합니다. ㉠과 ㉡과 ㉢의 소수 첫째 자리를 비교하면 ㉡이 가장 큰 수입니다. 이제 ㉠과 ㉢의 소수 둘째 자리를 비교하면 7<8이므로 ㉠이 작습니다. 따라서 세 수를 작은 수부터 나열하면 ㉠, ㉢, ㉡입니다.

14단계 소수 사이의 관계

배운 것을 기억해 볼까요? 090쪽

1 (1) 0, 0, 0, 3　(2) 0, 0, 3
2 >

개념 익히기 091쪽

1 0.02, 0.2, 2
2 0.49, 4.9, 49
3 5.67, 56.7, 567
4 30.01, 300.1, 3001
5 0.3, 0.03, 0.003
6 6, 0.6, 0.06
7 70.1, 7.01, 0.701
8 540.5, 54.05, 5.405

개념 다지기 092쪽

1 1.25
2 0.3
3 20.4
4 1.7
5 60.13
6 0.06
7 162.5
8 0.83
9 100.3, 1003
10 0.52, 0.052
11 201
12 0.1
13 51.2
14 0.136
15 320
16 0.008
17 2603
18 0.024

선생님놀이

5 소수를 10배 하면 소수점을 기준으로 수가 왼쪽으로 한 자리 이동하므로 6.013의 10배는 60.13이에요.

12 소수를 $\frac{1}{100}$ 하면 소수점을 기준으로 수가 오른쪽으로 두 자리 이동하므로 10의 $\frac{1}{100}$ 은 0.1이에요.

개념 다지기 093쪽

1
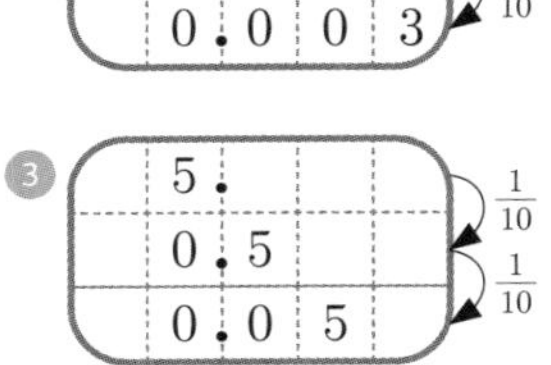

2
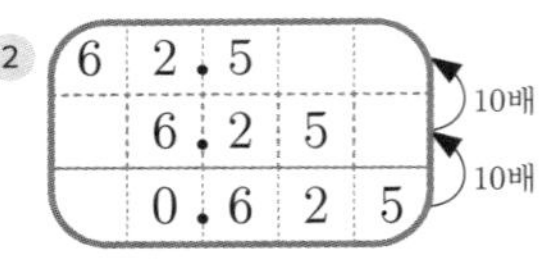

3
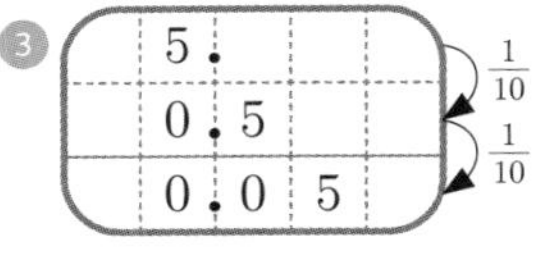

4
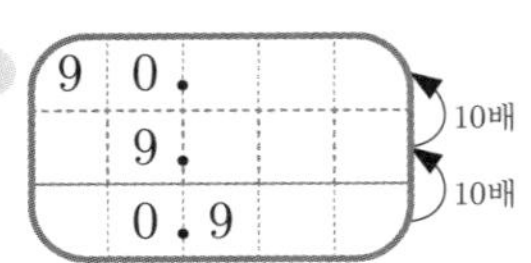

5
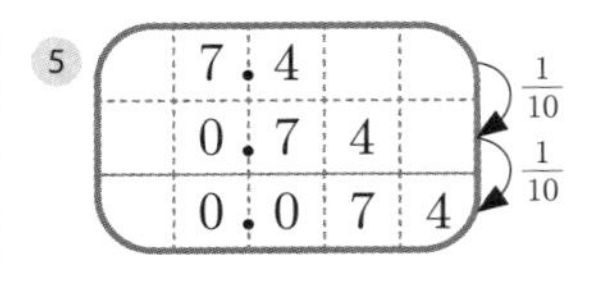

6
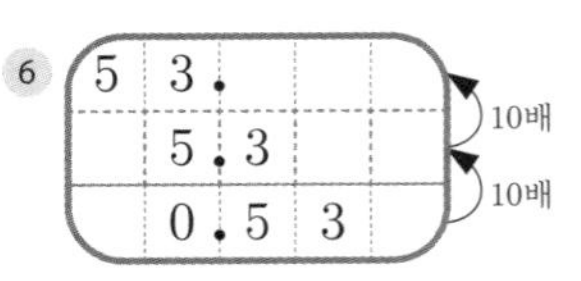

7
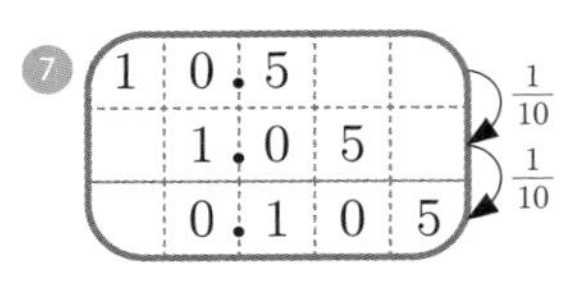

8
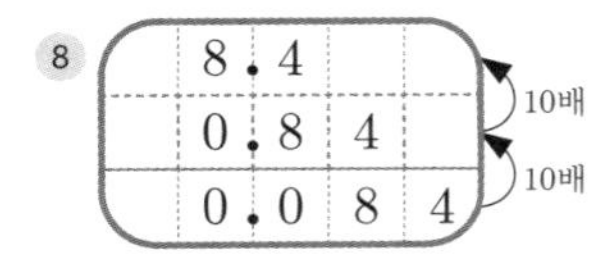

9 10

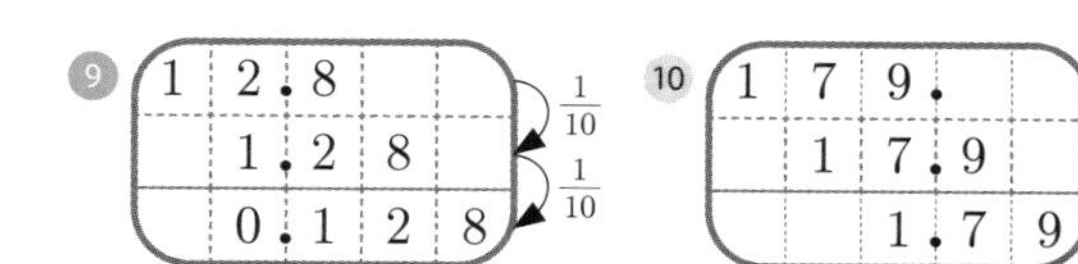

선생님놀이

수를 $\frac{1}{10}$ 하면 소수점을 기준으로 수가 오른쪽으로 한 자리 이동하므로 5의 $\frac{1}{10}$은 0.5예요. 또 0.5의 $\frac{1}{10}$은 0.05예요.

수를 $\frac{1}{10}$ 하면 소수점을 기준으로 수가 오른쪽으로 한 자리 이동하므로 10.5의 $\frac{1}{10}$은 1.05예요. 또 1.05의 $\frac{1}{10}$은 0.105예요.

수를 $\frac{1}{10}$ 하면 소수점을 기준으로 수가 오른쪽으로 한 자리 이동하므로 12.8의 $\frac{1}{10}$은 1.28이에요. 또 1.28의 $\frac{1}{10}$은 0.128이에요.

개념 키우기 094쪽

1 12.5
2 0.15
3 (1) 0.18 (2) 18

1 소수를 10배하면 소수점을 기준으로 수가 왼쪽으로 한 자리 이동하므로 1.25 kg의 10배는 12.5 kg입니다.

2 소수를 $\frac{1}{10}$ 하면 소수점을 기준으로 수가 오른쪽으로 한 자리 이동하므로 1.5 L의 $\frac{1}{10}$은 0.15 L입니다.

3 (1) 소수를 $\frac{1}{10}$ 하면 소수점을 기준으로 수가 오른쪽으로 한 자리 이동하므로 1.8 kg의 $\frac{1}{10}$은 0.18 kg입니다.

(2) 소수를 10배하면 소수점을 기준으로 수가 왼쪽으로 한 자리 이동하므로 1.8 kg의 10배는 18 kg입니다.

개념 다시보기 095쪽

1 0.49, 4.9, 49
2 70, 7, 0.7
3 70.4
4 1.5
5 503.2
6 0.029
7 8951
8 0.016

9

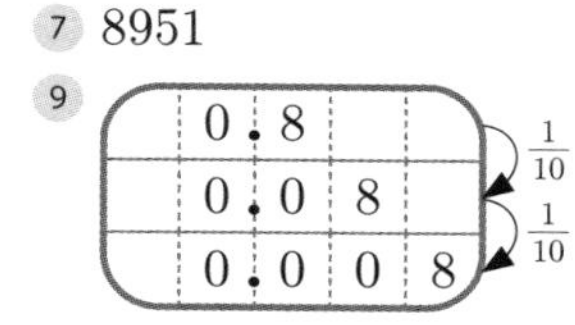

10

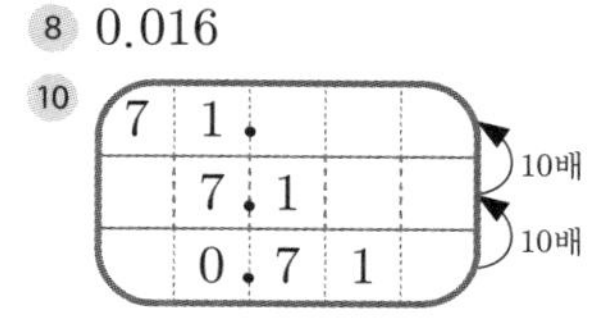

도전해 보세요 095쪽

1 100
2 (1) 3.9 (2) 3.9

1 ㉠이 나타내는 수는 9이고 ㉡이 나타내는 수는 0.09입니다. 9는 0.09의 100배입니다.

2 (1) 소수 첫째 자리의 4와 5를 더하면 9이므로 소수 첫째 자리는 9입니다. 일의 자리의 1과 2를 더하면 3이므로 3.9입니다.

(2) 소수 첫째 자리의 7과 2를 더하면 9이므로 소수 첫째 자리는 9입니다. 일의 자리의 3과 0을 더하면 3이므로 3.9입니다.

15단계 소수 한 자리 수의 덧셈

배운 것을 기억해 볼까요? 096쪽

1 (1) 81 (2) 23
2 (1) 16 (2) 1.2

개념 익히기 097쪽

1 (위에서부터) 1; 2.2
2 0.9
3 0.6
4 (위에서부터) 1; 1.5
5 5.9
6 6.6

7 6.6
8 4.8
9 (위에서부터) 1; 2.1
10 (위에서부터) 1; 9.3
11 (위에서부터) 1; 9.1
12 (위에서부터) 1; 12.1
13 (위에서부터) 1; 11.1
14 (위에서부터) 1; 12.6

개념 다지기 098쪽

1 0.3 2 0.5 3 2.5
4 3.3 5 6.8 6 8.5
7 1 8 1.1 9 4.4
10 6.2 11 6.4 12 70
13 7.1 14 10.6 15 11

선생님놀이

소수 첫째 자리의 3과 9를 더하면 12이므로 소수 첫째 자리는 2예요. 일의 자리에 1을 받아올림하면 일의 자리는 1+5=6이므로 6.2예요.

소수 첫째 자리의 5와 5를 더하면 10이에요. 일의 자리에 1을 받아올림하면 일의 자리는 1+3+7=11이므로 일의 자리는 1이에요. 십의 자리에 1을 받아올림하면 십의 자리는 1이에요. 따라서 11이에요.

개념 다지기 099쪽

1

	0.5
+	0.4
	0.9

2

	1.4
+	0.3
	1.7

3

	1.5
+	2.1
	3.6

4
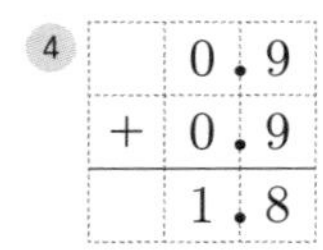

	0.9
+	0.9
	1.8

5

	2 7
+	9
	3 6

6

	0.7
+	6.4
	7.1

7
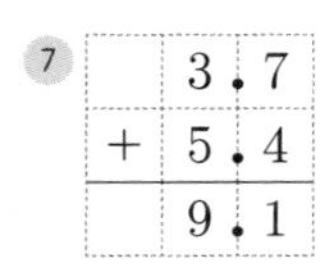

	3.7
+	5.4
	9.1

8
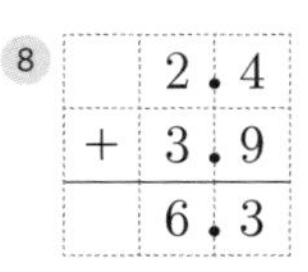

	2.4
+	3.9
	6.3

9
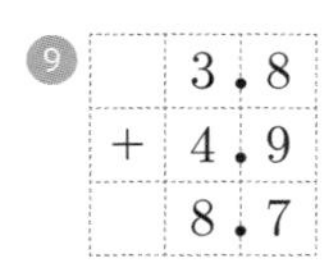

	3.8
+	4.9
	8.7

10

		5.4
+		6.8
1		2.2

11

		8.7
+		4.5
1		3.2

12

		5.1
+		8.8
1		3.9

13

	1	2.7
+		6.9
	1	9.6

14

	1	7.2
+	1	0.9
	2	8.1

15

		6.4
+	2	0.7
	2	7.1

선생님놀이

소수 첫째 자리의 8과 9를 더하면 17이므로 소수 첫째 자리는 7이에요. 일의 자리에 1을 받아올림하면 일의 자리는 1+3+4=8이므로 8.7이에요.

소수 첫째 자리의 7과 9를 더하면 16이므로 소수 첫째 자리는 6이에요. 일의 자리에 1을 받아올림하면 일의 자리는 1+2+6=9이므로 일의 자리는 9예요. 6.9의 십의 자리에 0을 쓰면 십의 자리는 1+0=1이므로 19.6이에요.

개념 키우기 100쪽

1 식: 5.2+4.9=10.1 답: 10.1
2 식: 0.9+0.9=1.8 답: 1.8
3 (1) 식: 0.9+1.2=2.1 답: 2.1
(2) 식: 0.7+1.5=2.2 답: 2.2
(3) 식: 0.9+1.2+1.5+0.7=4.3 답: 4.3

1 아버지는 서준이보다 고구마 4.9 kg를 더 캤습니다. 따라서 아버지가 캔 고구마는 5.2+4.9=10.1(kg)입니다.
2 1000 mL=1 L이므로 900 mL는 0.9 L입니다. 민서는 900 mL짜리 우유를 2개 샀으므로 민서가 산 우유의 양은 0.9+0.9=1.8(L)입니다.
3 (1) 산 입구에서 쉼터까지의 거리와 쉼터에서 산 정상까지의 거리를 더합니다. 따라서 0.9+1.2=2.1(km)입니다.
(2) 산 입구에서 약수터까지의 거리와 약수터에서 산 정상까지의 거리를 더합니다. 따라서 0.7+1.5=2.2(km)입니다.
(3) 산 입구에서 쉼터까지의 거리, 쉼터에서 정상까지의 거리, 정상에서 약수터까지의 거리와 약수터에서 산 입구까지의 거리를 더합니다. 따라서 0.9+1.2+1.5+0.7=4.3(km)입니다.

개념 다시보기 **101쪽**

1. 0.7 2. 1.3 3. 1.4
4. 10.1 5. 4.1 6. 3.1
7. 6.3 8. 9.1 9. 8.4
10. 13.2 11. 11 12. 19.8

도전해 보세요 **101쪽**

1. (위에서부터) 1; 2, 6
2. (1) 2.76 (4) 4.76

1. 6과 어떤 수를 더하여 일의 자리가 2인 수가 되므로 어떤 수는 6임을 알 수 있고 6+6=12입니다. 따라서 일의 자리에 1을 받아올림합니다. 또 1과 어떤 수와 4를 더하여 7이 되므로 어떤 수는 2임을 알 수 있습니다.
2. (1) 소수 둘째 자리의 4와 2를 더하면 6이므로 소수 둘째 자리는 6입니다. 소수 첫째 자리의 2와 5를 더하면 7이므로 소수 첫째 자리는 7입니다. 일의 자리의 0과 2를 더하면 2이므로 일의 자리는 2입니다. 따라서 2.76입니다.
   (2) 소수 둘째 자리의 1과 5를 더하면 6이므로 소수 둘째 자리는 6입니다. 소수 첫째 자리의 0과 7을 더하면 7이므로 소수 첫째 자리는 7입니다. 일의 자리의 3과 1을 더하면 4이므로 일의 자리는 4입니다. 따라서 4.76입니다.

16단계 소수 두 자리 수의 덧셈

배운 것을 기억해 볼까요? **102쪽**

1. (1) 0.49 (2) 6.08
2. (1) 11 (2) 11.1

개념 익히기 **103쪽**

1. (위에서부터) 1; 0.64
2. (위에서부터) 1, 1; 8.01
3. 0.57
4. 2.83
5. 3.98
6. 9.75
7. 4.79
8. 5.99
9. (위에서부터) 1, 1; 1.2
10. (위에서부터) 1; 1.79
11. (위에서부터) 1, 1; 4.71
12. (위에서부터) 1; 3.7
13. (위에서부터) 1, 1; 1
14. (위에서부터) 1, 1; 6.16

개념 다지기 **104쪽**

1. 0.66 2. 4.78 3. 2.99
4. 1.39 5. 386 6. 8.43
7. 7.92 8. 8.19 9. 7.9
10. 7.95 11. 9.23 12. 157
13. 600 14. 5.11 15. 5.57
16. 9.55 17. 9.32 18. 8.88

선생님놀이

소수 둘째 자리의 1과 8를 더하면 9이므로 소수 둘째 자리는 9예요. 소수 첫째 자리의 3과 8을 더하면 11이므로 일의 자리에 1을 받아올림해요. 일의 자리는 1+6+1=8이므로 8.19예요.

소수 둘째 자리의 9와 9를 더하면 18이므로 소수 둘째 자리는 8이고 소수 첫째 자리에 1을 받아올림해요. 그러면 소수 첫째 자리는 1, 8, 9를 더해서 18이에요. 따라서 소수 첫째 자리는 8이고 일의 자리에 1을 받아올림해요. 일의 자리는 1+3+4=8이므로 8.88이에요.

개념 다지기 **105쪽**

1.

	0.	7	4
+	0.	2	5
	0.	9	9

2.

	2.	2	8
+	0.	6	1
	2.	8	9

3.

	0.	0	4
+	3.	8	5
	3.	8	9

4.

	0.	8	4
+	0.	3	1
	1.	1	5

5.

	2.	2	5
+	0.	9	4
	3.	1	9

6.

	4	1	1
−	1	3	7
	2	7	4

7

	0.	9	2
+	3.	2	2
	4.	1	4

8

	1.	7	1
+	7.	6	1
	9.	3	2

9

	6.	0	9
+	1.	2	5
	7.	3	4

10

	0.	8	4
+	0.	7	7
	1.	6	1

11

	3	7	7
−		5	5
	3	2	2

12

	0.	7	9
+	7.	6	2
	8.	4	1

13

	2.	1	3
+	3.	9	4
	6.	0	7

14

	6.	0	8
+	1.	9	7
	8.	0	5

15

	5.	3	7
+	2.	6	4
	8.	0	1

선생님놀이

9 소수 둘째 자리의 9와 5를 더하면 14이므로 소수 둘째 자리는 4이고 소수 첫째 자리에 1을 받아올림해요. 소수 첫째 자리는 1+0+2=3이에요. 일의 자리는 6+1=7이므로 7.34예요.

13 소수 둘째 자리의 3과 4를 더하면 7이므로 소수 둘째 자리는 7이에요. 소수 첫째 자리는 1, 9를 더하면 10이 되므로 0이고 일의 자리에 1을 받아올림해요. 일의 자리는 1+2+3=6이므로 6.07이에요.

개념 키우기 106쪽

1. 식: 0.34+0.57=0.91 답: 0.91
2. 식: 40.35+2.76=43.11 답: 43.11
3. (1) 식: 23.10+167.97=191.07 답: 191.07
   (2) 식: 167.97+38.31=206.28 답: 206.28

1. 아침에 마신 우유와 저녁에 마신 우유의 양을 더합니다. 따라서 0.34+0.57=0.91(L)입니다.
2. 태형이의 몸무게는 서준이보다 2.76 kg 더 무거우므로 서준이의 몸무게에 2.76 kg을 더합니다. 따라서 40.35+2.76=43.11(kg)입니다.
3. (1) 1페소는 23.10원이고, 1위안은 167.97원이므로 1페소와 1위안을 더하면 23.10+167.97=191.07(원)입니다.
   (2) 1위안은 167.97원이고, 1달러는 38.31원이므로 1위안과 1달러를 더하면 167.97+38.31=206.28(원)입니다.

개념 다시보기 107쪽

1 0.88	2 7.99	3 4.93
4 0.9	5 6.29	6 9.9
7 8.91	8 9.28	9 6.9
10 5.11	11 4.31	12 9.12

도전해 보세요 107쪽

1 =

2

	3.	7	5
+	2.	4	
	6.	1	5

1. 2.62+2.88=5.5입니다. 2.88+2.62=5.5입니다. 따라서 양쪽의 계산 결과는 같습니다.
2. 소수점의 자리를 맞추지 않고 계산하였습니다. 따라서 바르게 계산해 보면 위와 같습니다.

17단계 자릿수가 다른 소수의 덧셈

배운 것을 기억해 볼까요? 108쪽

1. (1) 0.72 (2) 0.2, 0.05
2. (1) 7.21 (2) 10.01

개념 익히기 109쪽

1. 0.96
2. (위에서부터) 1; 4.16
3. 0.95
4. 1.65
5. 7.35
6. (위에서부터) 1; 1.21
7. (위에서부터) 1; 9.19
8. (위에서부터) 1; 5.02
9. 6.94
10. (위에서부터) 1; 8.06

11 (위에서부터) 1; 8.64
12 (위에서부터) 1; 5.14
13 (위에서부터) 1; 9.64
14 (위에서부터) 1; 12.15

개념 다지기 110쪽

1 0.74	2 8.99	3 3.84
4 5.81	5 9.54	6 8.39
7 1.01	8 9.15	9 467
10 9.36	11 8.22	12 7.46
13 328	14 11.29	15 12.32

선생님놀이

2 소수 둘째 자리의 2와 7을 더하면 9이므로 소수 둘째 자리는 9예요. 그리고 소수 첫째 자리의 4와 5를 더하면 9이므로 소수 첫째 자리는 9예요. 일의 자리는 0+8=8이므로 8.99예요.

14 8.9의 소수 둘째 자리에 0을 쓰면 소수 둘째 자리의 9와 0을 더하여 9이므로 소수 둘째 자리는 9예요. 그리고 소수 첫째 자리의 3과 9를 더하면 12이므로 소수 첫째 자리는 2이고 일의 자리에 1을 받아올림해요. 일의 자리는 1+2+8=11이므로 일의 자리는 1이고 십의 자리에 1을 받아올림해요. 십의 자리는 1이므로 11.29예요.

개념 다지기 111쪽

1

	0.	7	
+	3.	1	2
	3.	8	2

2

	0.	7	4
+	2.	1	
	2.	8	4

3

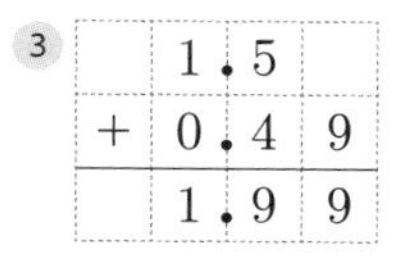

	1.	5	
+	0.	4	9
	1.	9	9

4

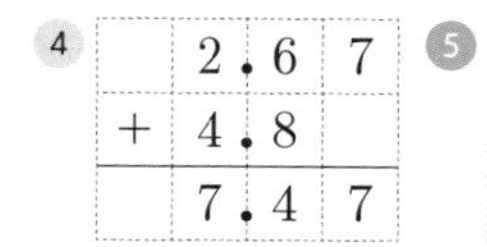

	2.	6	7
+	4.	8	
	7.	4	7

5

	3.	4	
+	4.	6	2
	8.	0	2

6

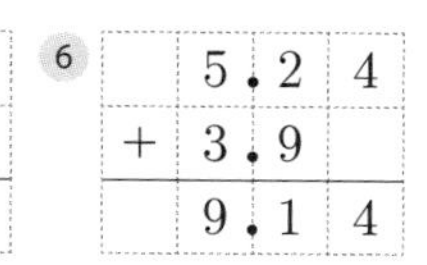

	5.	2	4
+	3.	9	
	9.	1	4

7

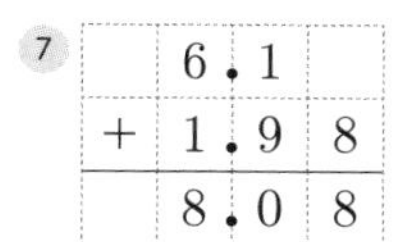

	6.	1	
+	1.	9	8
	8.	0	8

8

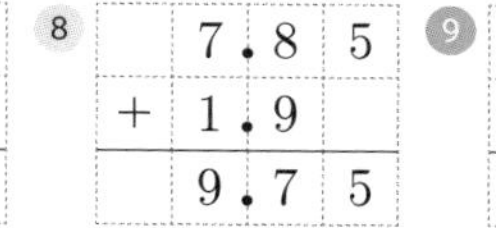

	7.	8	5
+	1.	9	
	9.	7	5

9

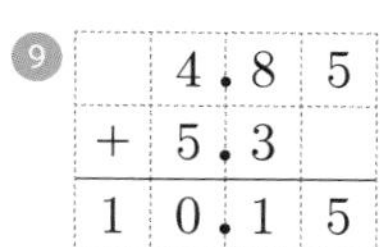

	4.	8	5
+	5.	3	
1	0.	1	5

10

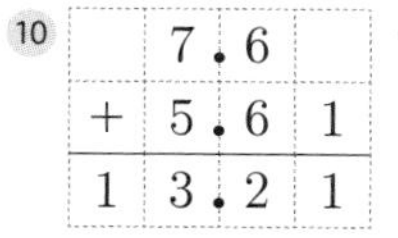

	7.	6	
+	5.	6	1
1	3.	2	1

11

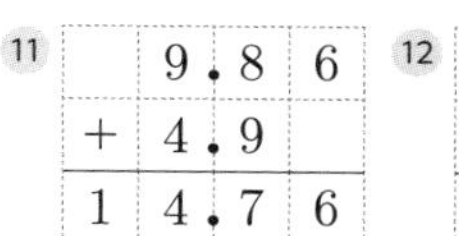

	9.	8	6
+	4.	9	
1	4.	7	6

12

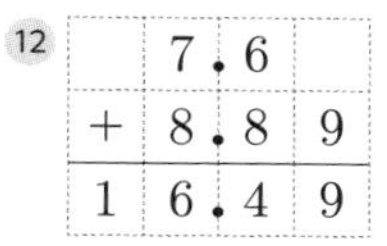

	7.	6	
+	8.	8	9
1	6.	4	9

선생님놀이

5 3.4의 소수 둘째 자리에 0을 쓰면 소수 둘째 자리의 0과 2를 더하여 2이므로 소수 둘째 자리는 2예요. 소수 첫째 자리의 4와 6을 더하면 10이므로 소수 첫째 자리는 0이고 일의 자리에 1을 받아올림해요. 일의 자리는 1+3+4=8이므로 8.02예요.

9 5.3의 소수 둘째 자리에 0을 쓰면 소수 둘째 자리의 5와 0을 더하여 5이므로 소수 둘째 자리는 5예요. 소수 첫째 자리는 8과 3을 더하면 11이므로 소수 첫째 자리는 1이고 일의 자리에 1을 받아올림해요. 일의 자리는 1+4+5=10이므로 일의 자리는 0이고 십의 자리에 1을 받아올림해요. 십의 자리는 1이므로 10.15예요.

개념 키우기 112쪽

1 식: 3.95+5.1=9.05 답: 9.05
2 식: 1.43+0.8=2.23 답: 2.23
3 (1) 식: 20.71+20.71+8.5=49.92 답: 49.92
(2) 식: 23.42+23.42+23.42+7.1=77.36
답: 77.36
(3) 식: 49.92+77.36=127.28 답: 127.28

1 여행 가방의 무게와 여행 준비물의 무게를 더합니다. 따라서 3.95+5.1=9.05(kg)입니다.
2 케이크를 만들 때 사용한 밀가루와 빵을 만들 때 사용한 밀가루의 무게를 더합니다. 따라서 1.43+0.8=2.23(kg)입니다.
3 (1) 소고기 100 g에 들어 있는 단백질의 양은 20.71 g이고, 두부 100 g에 들어 있는 단백질의 양은 8.5 g입니다. 20.71+20.71+8.5=49.92(g)입니다.
(2) 닭가슴살 100 g에 들어 있는 단백질의 양은 23.42 g이고, 계란 100 g에 들어 있는 단백질의 양은 7.1 g입니다. 23.42+23.42+23.42+7.1=77.36(g)입니다.
(3) 서준이와 강준이가 먹은 단백질의 양은 49.92+77.36=127.28(g)입니다.

개념 다시보기 **113쪽**

1 0.44 2 6.94 3 5.95
4 9.47 5 7.49 6 8.44
7 7.25 8 6.54 9 6.38
10 12.19 11 14.27 12 10.14

도전해 보세요 **113쪽**

1 (위에서부터) 3.81, 3.32, 2.09
2 (1) 1.1 (2) 3.5

> 1 맨 위쪽 빈칸에 알맞은 값은 2.42+1.39=3.81입니다. 아래쪽 첫 번째 빈칸에 알맞은 값은 2.42+0.9=3.32입니다. 아래쪽 두 번째 빈칸에 알맞은 값은 1.39+0.7=2.09입니다.
> 2 (1) 2.3−1.2=1.1입니다.
> (2) 3.7−0.2=3.5입니다.

18단계 소수 한 자리 수의 뺄셈

배운 것을 기억해 볼까요? **114쪽**

1 (1) 15 (2) 3.2
2 (1) 4.8 (2) 2.3

개념 익히기 **115쪽**

1 0.5
2 (위에서부터) 0, 10; 0.8
3 0.1
4 2.1
5 2.2
6 1.4
7 1.2
8 3.3
9 (위에서부터) 0, 10; 0.3
10 (위에서부터) 3, 10; 3.6
11 (위에서부터) 2, 10; 0.2
12 (위에서부터) 5, 10; 4.7
13 (위에서부터) 6, 10; 1.5
14 (위에서부터) 7, 10; 0.9

개념 다지기 **116쪽**

1 0.2 2 4.7 3 2.2
4 3.6 5 2.6 6 2.8
7 6.1 8 1.8 9 0.8
10 2.6 11 4.5 12 0.9
13 7.2 14 11.7 15 13.6

선생님놀이

소수 첫째 자리의 7에서 9를 뺄 수 없으므로 일의 자리의 3에서 1을 받아내림해요. 17에서 9를 빼면 8이므로 소수 첫째 자리는 8이에요. 일의 자리는 2−0=2이므로 2.8이에요.

소수 첫째 자리의 1에서 2를 뺄 수 없으므로 일의 자리의 9에서 1을 받아내림해요. 11에서 2를 빼면 9이므로 소수 첫째 자리는 9예요. 일의 자리는 8−8=0이므로 0.9예요.

개념 다지기 **117쪽**

1

	0.7
−	0.4
	0.3

2

	3.6
−	0.5
	3.1

3

	4.9
−	0.8
	4.1

4

	2.7
−	0.9
	1.8

5

	3.2
−	0.4
	2.8

6

	2.1
−	0.2
	1.9

7

	3.3
−	1.4
	1.9

8

	4.2
−	1.9
	2.3

9

	6.3
+	1.8
	8.1

10

	5.8
−	4.9
	0.9

11

	8.6
−	4.9
	3.7

12

	8.2
−	6.8
	1.4

13

	11.6
−	2.3
	9.3

14

	16.5
−	4.9
	11.6

15

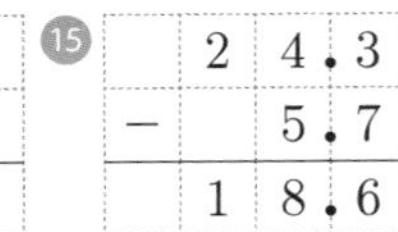

	24.3
−	5.7
	18.6

선생님놀이

8 소수 첫째 자리의 2에서 9를 뺄 수 없으므로 일의 자리의 4에서 1을 받아내림해요. 12에서 9를 빼면 3이므로 소수 첫째 자리는 3이에요. 일의 자리는 3−1=2이므로 2.3이에요.

15 소수 첫째 자리의 3에서 7을 뺄 수 없으므로 일의 자리의 4에서 1을 받아내림해요. 13에서 7을 빼면 6이므로 소수 첫째 자리는 6이에요. 일의 자리는 3에서 5를 뺄 수 없으므로 십의 자리의 2에서 1을 받아내림해요. 일의 자리는 13−5=8이에요. 5.7의 십의 자리에 0을 쓰면 십의 자리는 1−0=1이므로 18.6이에요.

개념 키우기 118쪽

1 식: 1.2−0.5=0.7 답: 0.7
2 식: 5.3−4.8=0.5 답: 0.5
3 (1) 서준, 강준, 민서
(2) 식: 18.4−17.8=0.6 답: 0.6
(3) 식: 19.2−17.8=1.4 답: 1.4

1 원래 우유의 양에서 마신 우유의 양을 뺍니다. 따라서 1.2−0.5=0.7(L)입니다.
2 사과 한 상자의 무게에서 배 한 상자의 무게를 뺍니다. 따라서 5.3−4.8=0.5(kg)입니다.
3 (1) 기록의 일의 자리를 비교하면 7<8<9이므로 서준, 강준 그리고 민서 순서대로 빠릅니다.
(2) 강준이의 기록에서 서준이의 기록을 뺍니다. 따라서 18.4−17.8=0.6(초)입니다.
(3) 민서의 기록에서 서준이의 기록을 뺍니다. 따라서 19.2−17.8=1.4(초)입니다.

개념 다시보기 119쪽

1 0.2　2 2.3　3 3.1
4 2.9　5 3.2　6 1.7
7 0.9　8 0.8　9 1.6
10 9.1　11 21.6　12 25.5

도전해 보세요 119쪽

1 1.4
2 (1) 1.82 (2) 3.11

1 11과 12 사이가 5개의 칸으로 나뉘어 있습니다. 따라서 한 칸의 크기는 0.2입니다. ㉠은 11로부터 오른쪽으로 한 칸 떨어져 있으므로 11+0.2=11.2입니다. ㉡은 13으로부터 왼쪽으로 두 칸 떨어져 있으므로 13−0.4=12.6입니다. 따라서 ㉠과 ㉡이 나타내는 수의 차는 12.6−11.2=1.4입니다.
2 (1) 3.85−2.03=1.82입니다.
(2) 4.36−1.25=3.11입니다.

19단계 소수 두 자리 수의 뺄셈

배운 것을 기억해 볼까요? 120쪽

1 (1) 3.59 (2) 4.21 (3) 6.16
2 (1) 1.1 (2) 0.7 (3) 1.7

개념 익히기 121쪽

1 0.13
2 (위에서부터) 1, 11, 10; 1.49
3 0.72
4 3.52
5 5.23
6 (위에서부터) 7, 10; 1.56
7 (위에서부터) 7, 10; 3.47
8 (위에서부터) 7, 10; 2.48
9 (위에서부터) 3, 10; 3.91
10 (위에서부터) 4, 10; 2.84
11 (위에서부터) 5, 10; 2.94
12 (위에서부터) 6, 11, 10; 4.59
13 (위에서부터) 5, 15, 10; 0.77
14 (위에서부터) 8, 12, 10; 4.39

개념 다지기 **122쪽**

1 4.13 2 1.10 3 1.11
4 5.29 5 1.05 6 3.35
7 1.83 8 2.64 9 7.62
10 0.84 11 2.95 12 0.69
13 78 14 2.82 15 2.88

선생님놀이

소수 둘째 자리의 4에서 9를 뺄 수 없으므로 소수 첫째 자리의 6에서 1을 받아내림해요. 14에서 9를 빼면 5이므로 소수 둘째 자리는 5예요. 소수 첫째 자리는 5에서 5를 빼면 0이므로 소수 첫째 자리는 0이에요. 일의 자리는 5−4=1이므로 1.05예요.

소수 둘째 자리의 5에서 6을 뺄 수 없으므로 소수 첫째 자리의 3에서 1을 받아내림해요. 15에서 6을 빼면 9이므로 소수 둘째 자리는 9예요. 소수 첫째 자리는 2에서 6을 뺄 수 없으므로 일의 자리의 8에서 1을 받아내림해요. 12에서 6을 빼면 6이니까 소수 첫째 자리는 6이에요. 일의 자리는 7−7=0이므로 0.69예요.

개념 다지기 **123쪽**

1

	0.	6	2
−	0.	3	1
	0.	3	1

2

	0.	9	8
−	0.	7	6
	0.	2	2

3

	6.	8	6
−	3.	3	3
	3.	5	3

4

	2.	8	7
−	1.	2	8
	1.	5	9

5

	4.	9	3
−	2.	8	5
	2.	0	8

6

	6.	6	8
−	2.	5	9
	4.	0	9

7

	7.	8	5
−	6.	5	8
	1.	2	7

8

	4.	5	6
−	2.	3	7
	2.	1	9

9

	5.	3	8
−	2.	6	5
	2.	7	3

10

	5.	1	4
−	4.	2	3
	0.	9	1

11

	8.	7	2
−	2.	8	1
	5.	9	1

12

	7.	7	8
−	4.	9	9
	2.	7	9

13

	0.	6	7
+	0.	5	6
	1.	2	3

14

	8.	1	3
−	2.	4	7
	5.	6	6

15

	7.	0	6
−	3.	1	8
	3.	8	8

선생님놀이

6 소수 둘째 자리의 8에서 9를 뺄 수 없으므로 소수 첫째 자리의 6에서 1을 받아내림해요. 18에서 9를 빼면 9이므로 소수 둘째 자리는 9예요. 소수 첫째 자리는 5에서 5를 빼면 0이므로 소수 첫째 자리는 0이에요. 일의 자리는 6−2=4이므로 4.09예요.

소수 둘째 자리의 6에서 8을 뺄 수 없으므로 소수 첫째 자리의 0에서 1을 받아내림해요. 그런데 0에서는 받아내림할 수 없으므로 일의 자리의 7에서 1을 받아내림해요. 그리고 소수 첫째 자리에서 1을 받아내림하면 소수 둘째 자리는 16에서 8을 빼서 8이에요. 소수 첫째 자리는 9에서 1을 빼면 8이므로 소수 첫째 자리는 8이에요. 일의 자리는 6−3=3이므로 3.88이에요.

개념 키우기 **124쪽**

1 식: 5.28−2.95=2.33 답: 2.33
2 식: 8.16−3.29=4.87 답: 4.87
3 (1) 서준, 강준, 예서
(2) 식: 37.29−35.43=1.86 답: 1.86
(3) 식: 35.43−32.08=3.35 답: 3.35

1 강아지의 몸무게에서 고양이의 몸무게를 뺍니다. 따라서 5.28−2.95=2.33(kg)입니다.
2 원래 들어 있던 휘발유에서 남은 휘발유의 양을 뺍니다. 따라서 8.16−3.29=4.87(L)입니다.
3 (1) 몸무게의 일의 자리를 비교하면 됩니다. 2<5<7이므로 가장 무거운 순서대로 쓰면 서준, 강준 그리고 예서입니다.
(2) 서준이의 몸무게에서 강준이의 몸무게를 뺍니다. 따라서 37.29−35.43=1.86(kg)입니다.
(3) 강준이의 몸무게에서 예서의 몸무게를 뺍니다. 따라서 35.43−32.08=3.35(kg)입니다.

개념 다시보기 125쪽

1 3.03
2 2.1
3 0.64
4 2.35
5 3.09
6 2.05
7 1.21
8 2.61
9 0.53
10 1.45
11 1.09
12 6.78

도전해 보세요 125쪽

1
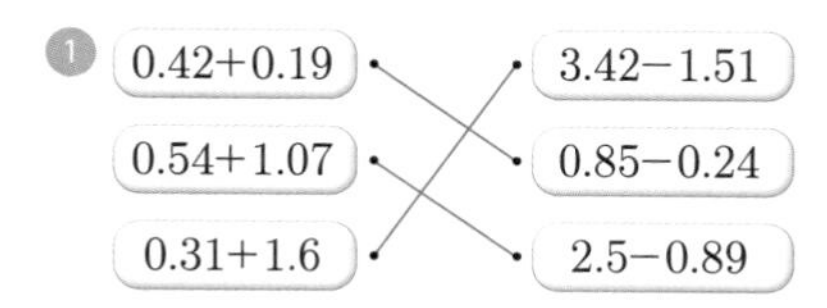

2 (1) 1.04 (2) 2.14

1 0.42+0.19=0.61입니다.
0.54+1.07=1.61입니다.
0.31+1.6=1.91입니다.
3.42−1.51=1.91입니다.
0.85−0.24=0.61입니다.
2.5−0.89=1.61입니다.
2 (1) 1.3−0.26=1.04입니다.
(2) 3.2−1.06=2.14입니다.

20단계 자릿수가 다른 소수의 뺄셈

배운 것을 기억해 볼까요? 126쪽

1 (1) 1.02 (2) 10.64 (3) 7.37
2 (1) 3.13 (2) 2.47 (3) 0.66

개념 익히기 127쪽

1 0.34
2 (위에서부터) 0, 13, 10; 0.85
3 0.22
4 2.03
5 1.23
6 (위에서부터) 2, 10; 2.82
7 (위에서부터) 4, 10; 0.87
8 (위에서부터) 6, 10; 3.69
9 (위에서부터) 7, 10; 0.05
10 (위에서부터) 5, 10; 2.31
11 (위에서부터) 6, 10; 2.16
12 (위에서부터) 2, 13, 10; 0.71
13 (위에서부터) 6, 11, 10; 3.46
14 (위에서부터) 7, 14, 10; 2.52

개념 다지기 128쪽

1 0.03
2 4.39
3 2.27
4 0.81
5 0.34
6 10.25
7 3.27
8 3.04
9 3.51
10 5.14
11 35
12 2.97
13 5.79
14 2.06
15 4.08

선생님놀이

5 3.8의 소수 둘째 자리에 0을 쓰면 소수 둘째 자리의 4에서 0을 빼면 4이므로 소수 둘째 자리는 4예요. 소수 첫째 자리의 1에서 8을 뺄 수 없으므로 일의 자리의 4에서 1을 받아내림해요. 소수 첫째 자리의 11에서 8을 빼면 3이므로 소수 첫째 자리는 3이에요. 일의 자리는 3−3=0이므로 0.34예요.

12 8.5의 소수 둘째 자리에 0을 쓰면 소수 둘째 자리의 0에서 3을 뺄 수 없으므로 소수 첫째 자리의 5에서 1을 받아내림해요. 소수 둘째 자리의 10에서 3을 빼면 7이므로 소수 둘째 자리는 7이에요. 소수 첫째 자리의 4에서 5를 뺄 수 없으므로 일의 자리의 7에서 1을 받아내림해요. 소수 첫째 자리의 14에서 5를 빼면 9이므로 소수 첫째 자리는 9예요. 일의 자리는 7−5=2이므로 2.97이에요.

개념 다지기 129쪽

1. 0.72 − 0.4 = 0.32
2. 0.45 − 0.4 = 0.05

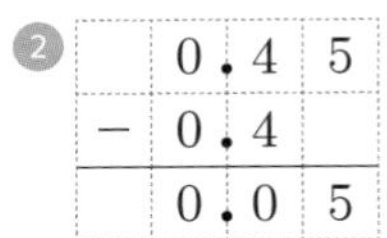

3. 6.68 − 0.2 = 6.48
4. 3.04 − 2.2 = 0.84
5. 1.52 − 0.8 = 0.72
6. 4.13 − 2.2 = 1.93
7. 4.1 − 0.07 = 4.03
8. 4.86 + 1.5 = 6.36
9. 5.7 − 4.62 = 1.08
10. 6.7 − 4.63 = 2.07
11. 7.5 − 6.81 = 0.69
12. 8.8 − 3.99 = 4.81
13. 894 − 37 = 857
14. 8.5 − 0.85 = 7.65
15. 9.02 − 8.9 = 0.12

선생님놀이

2 0.4의 소수 둘째 자리에 0을 쓰면 소수 둘째 자리의 5에서 0을 빼면 5이므로 소수 둘째 자리는 5예요. 소수 첫째 자리의 4에서 4를 빼서 소수 첫째 자리는 0이에요. 일의 자리는 0−0=0이므로 0.05예요.

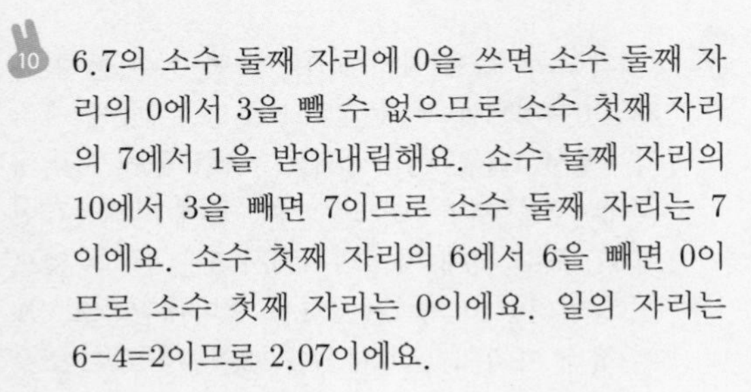

10 6.7의 소수 둘째 자리에 0을 쓰면 소수 둘째 자리의 0에서 3을 뺄 수 없으므로 소수 첫째 자리의 7에서 1을 받아내림해요. 소수 둘째 자리의 10에서 3을 빼면 7이므로 소수 둘째 자리는 7이에요. 소수 첫째 자리의 6에서 6을 빼면 0이므로 소수 첫째 자리는 0이에요. 일의 자리는 6−4=2이므로 2.07이에요.

개념 키우기 130쪽

1. 식: 42.6−42.34=0.26 답: 0.26
2. 식: 1.45−0.528=0.922 답: 0.922
3. (1) 식: 1.2+2.13=3.33 답: 3.33
   (2) 식: 0.215+0.215+0.215+1.2=1.845 답: 1.845

1. 운동 전 몸무게에서 운동 후 몸무게를 뺍니다. 따라서 42.6−42.34=0.26(kg)입니다.
2. 1000 m=1 km이므로 집에서 학교까지의 거리는 1450 m=1.45 km입니다. 따라서 집에서 세 장소까지의 거리를 비교해 보면 학교까지 거리가 가장 멀고, 병원까지의 거리가 가장 가깝습니다. 따라서 집에서 학교까지의 거리에서 집에서 병원까지의 거리를 빼면 됩니다. 이를 계산하면 1.45 km−0.528 km=0.922 km입니다.
3. (1) 광어와 우럭의 무게를 더합니다. 따라서 1.2+2.13=3.33(kg)입니다.
   (2) 꽃게 3마리와 광어 1마리의 무게를 더합니다. 따라서 0.215+0.215+0.215+1.2=1.845(kg)입니다.

개념 다시보기 131쪽

1 3.02	2 2.21	3 3.47
4 2.36	5 4.91	6 0.56
7 2.02	8 2.06	9 1.31
10 0.87	11 4.41	12 5.04

도전해 보세요 131쪽

1. 5.78, 7.42
2. 36.86

1. 9.5−3.72=5.78입니다. 또 5.78+1.64=7.42입니다.
2. 서준이의 몸무게는 민서보다 1.54 kg 더 무거우므로 37.5+1.54=39.04(kg)입니다. 또 예서의 몸무게는 서준이보다 2.18 kg 더 가벼우므로 39.04−2.18=36.86(kg)입니다.

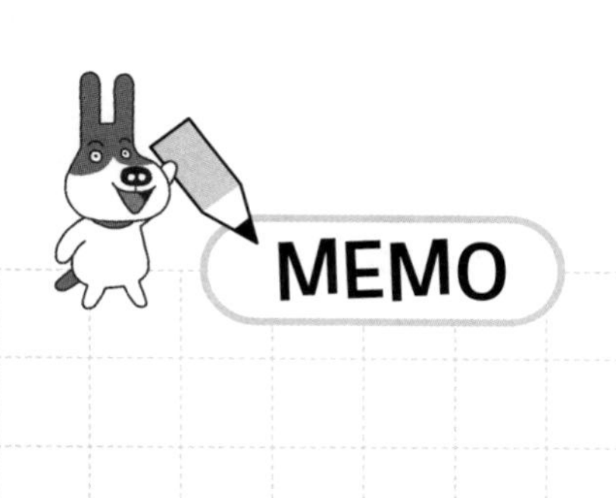
MEMO